基于深度学习的恒星低质量光谱的数据处理与分析

吴明磊　田　莉　著

山东大学出版社

SHANDONG UNIVERSITY PRESS

·济南·

图书在版编目(CIP)数据

基于深度学习的恒星低质量光谱的数据处理与分析 /
吴明磊,田莉著. —济南:山东大学出版社,2023.7
ISBN 978-7-5607-7890-7

Ⅰ.①基… Ⅱ.①吴… ②田… Ⅲ.①天体—光谱学
—数据采集—研究 Ⅳ.①P141.5②TP274

中国国家版本馆 CIP 数据核字(2023)第 147429 号

责任编辑 李 港
封面设计 王秋忆

基于深度学习的恒星低质量光谱的数据处理与分析
JIYU SHENDU XUEXI DE HENGXING DIZHILIANG GUANGPU
DE SHUJU CHULI YU FENXI

出版发行	山东大学出版社
社　　址	山东省济南市山大南路 20 号
邮政编码	250100
发行热线	(0531)88363008
经　　销	新华书店
印　　刷	山东和平商务有限公司
规　　格	720 毫米×1000 毫米　1/16
	8.75 印张　123 千字
版　　次	2023 年 7 月第 1 版
印　　次	2023 年 7 月第 1 次印刷
定　　价	55.00 元

前　言

　　近年来,作者一直从事机器学习与恒星光谱分析交叉领域的研究,在深入了解光谱分析任务、分析当前数据急剧增长特点的基础上,结合计算机技术优势,开展了一系列的研究工作。本书是近年来相关科研成果的总结。

　　全书除介绍恒星光谱数据的特点以及恒星低质量光谱的研究现状外,主要内容如下:

　　(1)恒星低质量光谱的预处理。针对恒星低信噪比光谱,本书设计了一种基于生成对抗网络的深度学习算法 Spectra-GANs。该方法同时包含两个生成器和两个辨别器,将来自同一天体的高信噪比和低信噪比光谱作为网络的输入进行训练。利用第一个生成器将低信噪比光谱转换成高信噪比的光谱,同时为了防止模型坍塌及网络的过拟合,第二个生成器将第一个生成器生成的高信噪比光谱转化成低信噪比光谱。针对流量缺失光谱和拼接异常光谱,本书引入变分自编码(VAE)的变体条件变分自编码(CVAE)进行光谱的修复,它在生成模型中引入了条件信息,使其能够生成特定条件下的数据。CVAE 结合了变分自编码器的生成能力和条件生成的灵活性,因此在图像修复任务中表现出色。两种方法都与经典的天文光谱的处理方法 PCA 以及其他几种常用的数据处理方法进行对比。从对比结果可以看出,本书的方法对于常见的恒星光谱低质量情况(低信噪比、流量缺失和拼接异常)的处理效果都超过了其他常用的算法,这也证明了本书算法在处理恒星低质量光谱方面的有效性。

(2)恒星低质量光谱的连续谱拟合。在国内外研究成果的基础上,本书提出了基于蒙特卡罗方法的恒星低质量光谱连续谱拟合方法。该方法首先利用统计窗拟合的原则对符合条件的流量点进行筛选,然后利用蒙特卡罗方法对筛选缺失的流量点进行了模拟,最后通过多项式迭代拟合的方法对连续谱进行了拟合。本书利用该方法对低信噪比的恒星低质量光谱进行了连续谱拟合,结果表明其在恒星低质量光谱拟合方面具有很好的精确度和稳定性,对于处理大规模恒星低质量光谱有着独特的优越性。同时蒙特卡罗方法使用起来比较简单,在实际应用中不用深入考虑其他参数的影响,因此该方法具有较高的实用价值。

(3)恒星低质量光谱中稀有恒星的搜寻。本书提出了一种基于 PCA 和 CFSFDP 相结合的恒星低质量光谱的稀有恒星搜寻方法。传统的 PCA 方法主要针对某一特定的光谱数据集进行相关的处理,所以它的使用范围具有很大的局限性。为了突破传统 PCA 方法在恒星光谱数据处理方面的局限性,本书从 SDSS 的恒星模板光谱数据和恒星实测光谱数据中分别选取高信噪比的各种类型恒星光谱作为高质量光谱,然后将 PCA 应用在这些恒星高质量光谱数据上,从中分别抽取通用的模板特征光谱库和通用的实测特征光谱库,最后利用这些特征光谱对其余的各种类型的恒星低质量光谱进行处理,结果证明该方法能对各种恒星低质量模板光谱和实测光谱进行有效的处理。基于处理之后的光谱,我们利用 CFSFDP 聚类方法,快速而有效地从它们中搜寻出稀有的恒星光谱候选体,为恒星低质量光谱中的稀有恒星搜寻提供了有效途径,同时也大大提高了后续恒星数据处理的工作效率。

(4)恒星低质量光谱的大气参数测量。本书利用一种改进的基于卷积神经网络(CNN)的参数测量方法 StarNet 对低信噪比的恒星低质量光谱大气参数进行测量。该方法与普通 CNN 不同的是使用了更适合光谱数据处理的一维卷积方法，并且我们在原始 StarNet 方法的基础上将卷积核的尺寸扩展到了 1×128，使其能够更多地利用周围信息，增强方法的非线性预测能力，并且通过实验选择最适合的神经网络结构，使其更适合恒星低质量光谱数据的处理。与常用的基于 Lick 线指数（Lick＋OLS）及基于小波变换（Wavelet＋ANN）的方法进行的对比证明了该方法在低信噪比的恒星低质量光谱大气参数测量上的有效性。

本书的完成得到了山东大学机电与信息工程学院、山东工商学院计算机科学与技术学院各位老师的大力支持，特别是卜育德教授、刘培强教授以及衣振萍副教授为本书提出了许多宝贵的建议，在此一并致以诚挚的谢意。

本书的部分研究工作得到了山东省自然科学基金项目（项目编号：ZR2022MA076、ZR2021QE177）和山东工商学院博士启动基金（项目编号：306519）的资助，在此向相关机构表示深深的感谢。

由于作者水平有限，书中难免有不妥之处，欢迎各位专家和广大读者批评指正。

编　者

2023 年 2 月

目　录

第 1 章　基础理论

1.1　研究背景和意义

天文学（Astronomy）作为探究宇宙结构、物理天体及其发展的一门古老学科，已经拥有五六千年的历史。在古代，人们通过观测太阳、月亮等来进行天文学的研究，得出了时间、历法等人类文明进程中的重大研究成果。在现代，随着各种技术尤其是数字技术的飞速发展，各种巡天项目接踵而至，其中比较有影响力的项目包括郭守敬望远镜（大天区面积多目标光纤光谱天文望远镜，Large Sky Area Multi-Object Fiber Spectroscopic Telescope，LAMOST）、斯隆数字巡天（Sloan Digital Sky Survey，SDSS）以及大型综合巡天望远镜（Large Synoptic Survey Telescope，LSST）等大型光谱巡天项目。性能良好的天文望远镜及其相关设备为人类带来了海量的天文数据，这些数据为相关研究带来巨大潜在机遇的同时，也带来了前所未有的挑战，因此，如何更好地处理这些数据成为了天文大数据时代人们要面临的主要问题之一。数据挖掘和机器学习等相关领域的技术与方法在处理大数据方面有着天然的优势，为解决此问题提供了良好的途径。

本书所使用的数据主要来自 LAMOST 与 SDSS 两个巡天项目。

LAMOST 坐落于河北兴隆山的国家天文台观测站(东经 117°34′、北纬40°23′),是国家大科学工程项目之一。该项目从 2001 年开始实施,2009 年通过国家发改委验收。LAMOST 是目前世界上光谱获取效率最高的天文望远镜。由于视场比较大,并且在望远镜的焦面处放置了 4000根光纤,因此曝光一次可以同时获取 4000 条天体的光谱,所以 LAMOST的建成也显著提高了我国的大视场多目标光谱观测设备的性能。截至2019 年 3 月 27 日,LAMOST DR6 光谱对外发布,此次拍摄的天区数量达到了 4902 个,光谱数量达到了 1125 多万条,这使得 LAMOST 成为世界上第一台获取光谱数量达到千万级的望远镜。但是由于 LAMOSTDR6 的光谱数据暂时还没有完全对外开放使用,因此,本书所使用的数据来自 LAMOST DR6 的前一版本 LAMOST DR5。它于 2017 年 6 月正式对外发布,其观测的天区数量达到了 4154 个(见图 1-1),光谱的数量达到了900 多万条。在这些光谱数据中,低质量光谱数据占到了 15% 左右,其中除了低信噪比(Signal to Noise Ratio,SNR)的光谱数据之外,还包含了大量的拼接异常、流量缺失的光谱数据及其他一些未知的光谱数据。

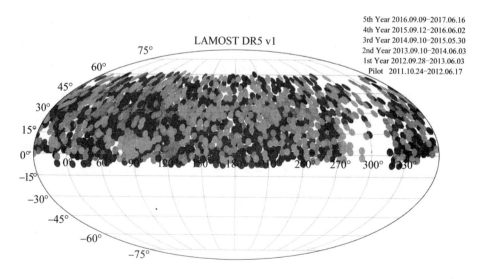

图 1-1　LAMOST DR5 的天区覆盖图

SDSS 项目设施坐落于新墨西哥州的阿帕奇山顶天文台,开始于 2000 年,是目前世界上最大规模的星系图像和光谱巡天项目。SDSS 望远镜每次可以同时拍摄 640 条天体的光谱,因此,光谱获取率是非常高的。经过多年的运行,它已经经历了多个巡天阶段:SDSS-Ⅰ(2000～2005 年)、SDSS-Ⅱ(2005～2008 年)、SDSS-Ⅲ(2008～2014 年)和 SDSS-Ⅳ(2014 年至今),每个阶段都有不同的科学目标。本书所使用的 SDSS 数据主要来自 SDSS-Ⅳ中的 DR14 数据,天区覆盖图如图 1-2 所示。SDSS DR14 是 SDSS-Ⅳ的第二次数据释放,包含扩展重子振荡巡天(eBOSS)、阿帕奇天文台星系演化实验第二阶段(APOGEE-2)和邻近星系二维光谱巡天(MaNGA)的数据。其数据集中包含的恒星光谱数量为 100 多万条,恒星低质量光谱的数量也占到了 25% 左右。

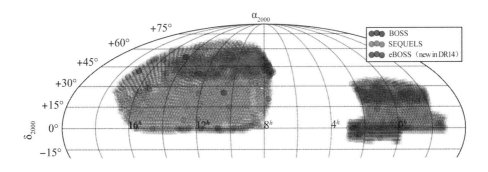

图 1-2　SDSS DR14 天区覆盖图

恒星低质量光谱的特征主要包括噪声较大、谱线特征不明显、局部信噪比低、连续谱异常、拼接异常以及减天光异常等方面。虽然随着巡天项目和光谱处理技术的进步,光谱质量在逐步提高,但仍然有相当一部分数据的质量不能满足天文数据分析的要求。这些光谱在拍摄的时候同样耗费了大量的人力和物力等资源,因此需要进一步研究改进恒星光谱的处理和参数测量方法,以满足这些低质量光谱的处理要求。此外,在这些质量相对比较低的光谱中,存在着一些稀有、特殊或者未知的恒星光谱。因

此,对这些低质量光谱作进一步的处理和分析是一项非常有意义的工作。具体的意义主要包含以下几个方面:

(1)针对恒星光谱中低质量数据的预处理问题展开研究,提高了光谱的利用率,也能为后续低质量光谱的分析处理提供基础。

(2)针对恒星低质量光谱连续谱拟合工作展开相关研究,将拟合出来的光谱进行连续谱归一化,可以使恒星低质量光谱中连续谱和谱线的抽取精度更高。

(3)通过对恒星低质量光谱中稀有恒星的搜寻,可以发现有意义的稀有恒星以及未知天体,也可以进一步提高相关项目的科学产出。

(4)通过对恒星低质量光谱的大气参数进行测量,可以为银河系乃至整个宇宙的研究提供更多的样本,为后续的科学研究工作奠定坚实的基础。

1.2 国内外研究现状

为了更好地解决恒星低质量光谱处理与分析中遇到的问题,本小节对4个方面的研究现状进行了总结与分析:恒星光谱的预处理、恒星光谱的连续谱拟合、恒星光谱中稀有恒星的搜寻、恒星光谱的大气参数测量。

1.2.1 恒星光谱的预处理

在恒星光谱的处理分析中,光谱的数据获取和预处理是非常重要的步骤,它们可以提升后续分析处理的效率,其中恒星光谱的数据获取主要通过天文望远镜等相关的仪器设备进行。因此,本书主要研究恒星光谱的预处理。

恒星光谱预处理的方法有很多种,目前常用的预处理方法包括小波变换(Wavelet)、主成分分析(Principal Component Analysis,PCA)以及受限玻尔兹曼机(Restricted Boltzmann Machine,RBM)等。物理学家莫莱特(Morlet)提出了小波变换的概念。小波变换已经被广泛地应用于信号处理等众多领域。由于可以在时域与频域内进行相关分析,因此它能够高效地完成信号处理,并且对于一维的光谱信号,还能够对光谱信号提供多尺度细化分析,提取信号中的重要信息,从而实现信号的降噪处理。卢瑜等利用 Haar 小波去除原始光谱信号中的高频噪声,并且对全频谱数据进行降维,提升了后续的处理效率。弗里格(Fligge)等提出了一种小波包变换的光谱降噪方法,提高了天文光谱的降噪效果。赵瑞珍等基于小波包变换的方法,提出了一种针对小波域内的不同相关特性的降噪算法。卢瑜等利用 Haar 小波方法对低分辨率恒星光谱进行降噪,并利用降噪之后的光谱进行参数测量。里拉(Lira)等使用 6 阶 Morlet 小波来获得局部小波谱的每个光变曲线的能量分布,并对白矮星进行了有效分析。

　　PCA 是一种通过正交变换将一组可能存在相关性的变量转换为一组线性不相关的变量的方法,转换后得到的变量称为主成分。小波变换主要对光谱中的局部流量进行分解,而 PCA 是对整条光谱进行分析。PCA已经在天文研究中得到了广泛的应用。惠特尼(Whitney)利用 PCA 进行光谱的降维,并利用降维之后的数据进行分类和误差分析。辛格(Singh)和覃冬梅等分别利用 PCA 进行光谱的降维与分类。康纳利(Connolly)等利用 PCA 对星系光谱进行降噪和修复,证明 PCA 能够实现星系光谱缺失区域的最佳插值,较好地对低质量光谱进行重构。叶(Yip)等利用 PCA对类星体和星系光谱进行重构,并且从重构的光谱中提取主成分,然后利用主成分进行流量缺失的修复。佛罗伦斯(Re Fiorentin)等利用 PCA 对恒星光谱进行降噪和流量缺失的修复,并利用修复的光谱得到了精确的大气参数值。韦鹏(Wei)等利用 PCA 降噪之后的光谱进行 LAMOST 光谱分类模板库的构建。向茂盛(Xiang)等利用基于核主成分分析(Kernel-based Principal Component Analysis,KPCA)的多元回归方法对恒星大气参数进行测量,并且获得了 100 k 精度的 T_{eff}、0.1 dex 精度的 lg g 以及 0.3~0.4 mag 精度的 MV 和 MKs。

除了小波变换和主成分分析,许多其他的非线性方法也被用于恒星光谱的预处理。卜育德(Bu)等针对光谱降噪、流量缺失数据的修复提出了利用受限玻尔兹曼机来替代传统的 PCA 方法,并且通过实验证明了方案的可行性。为了提升光谱的预处理效率,王可(Wang)等利用深度神经网络(Deep Neural Networks,DNN)对拼接异常光谱进行修复,并且利用修复的光谱进行分类,大大提高了光谱的分类精确度。

1.2.2　恒星光谱的连续谱拟合

恒星光谱主要包括谱线、连续谱和噪声,其中谱线是分析恒星光谱的主要对象。因此,谱线的提取是恒星研究中非常重要的步骤。谱线提取中最常用的方法是连续谱归一化。连续谱归一化指的是将光谱中的连续谱去除,得到的结果即为连续谱归一化之后的光谱。连续谱归一化之后的光谱中相关谱线特征更加清晰,方便后续的处理分析。因此,连续谱拟合是恒星光谱分析处理中重要的一环。

斯里南德(Srianand)等将光谱的整个波长范围划分为 10 nm(100 Å)的间隔,然后手动确定不受吸收线影响的光谱范围,并使用 3 次样条拟合来获取连续谱。罗锋等利用样条函数对恒星光谱的连续谱进行抽取,对能体现连续谱特征的数据点进行筛选,然后通过微调来实现更加准确地连续谱抽取。卡佩拉里(Cappellari)等利用 PPXF(Penalized Pixel-Fitting)方法对多个恒星和气体成分同时进行拟合,以实现精确的连续谱归一化。同时,布鲁诺(Bruno)等也利用 PPXF 对 MaNGA DR2 中的星系光谱进行连续谱的抽取,从而对恒星的形成进行进一步的研究。盖薇(Galvin)等利用幂律外推(Power-law Extrapolation)方法对星系进行了连续谱拟合并测量了连续谱拟合区域中的通量与连续比率,为在高红移下提取连续谱提供了解决方法。德吕(Delubac)等利用平均 Forest Flux 对类星体的连续谱进行抽取,并且对 Lyα forest 的自相关函数进行估计。弗雷德里克(Frederick)等利用主成分分析对类星体光谱的连续谱进行抽取,并通过比较证明了该方法的准确性。沙波瓦洛娃(Shapovaloval)等利用点源刻度纠正因子(Point-source Scale Correction Factor)和孔径依赖纠正因子(Aperture-dependent Correction Factor)结合的方法对星系的连续谱进行纠正。于敬敬等首先通过 Lick 线指数对光谱进行分类,根据分类结果利用距离度量的方式对连续谱异常的光谱进行检测,然后根据检测结果进行连续谱的分级处理。

目前常用的恒星光谱的连续谱拟合方法中非自动处理的方法占到了相当大的部分,虽然这些方法能够对各种类型的光谱较好地进行连续谱拟合[如斯里南德(Srianand)等提到的拟合方法],但是需要较多的人工干预,因此不适合大数据天文时代的连续谱拟合。此外,目前的连续谱自动拟合方法主要针对恒星高质量光谱,大部分方法依靠拟合点的筛选。然而对恒星低质量光谱而言,能够筛选到的拟合点通常不能满足拟合要求,因此,恒星低质量光谱连续谱拟合的精确度与稳定性受光谱质量的影响较大。

1.2.3　恒星光谱中稀有恒星的搜寻

稀有恒星指的是金属丰度异常的恒星,它对于研究宇宙起源及演变具有重要的意义,搜寻稀有恒星是大规模数字巡天项目的一个重要目标。从海量巡天数据中发现特殊、稀少甚至未知类型的恒星,能够为天文学各种研究提供极为有效的样本支持。目前常用的方法包括机器学习、线指数以及其他方法。

韦鹏(Wei)等利用蒙特卡罗(Monte Carlo,MC)和局部异常因子(Local Outlier Factor,LOF)结合的方法从 SDSS DR8 光谱中有效地搜寻出了碳星、双星以及激变变星等稀有天体。秦丽(Qin)等利用随机森林算法(Random Forest,RF)从 LAMOST DR5 中搜寻出了 15269 颗 Am 星候选体,并通过人工证认的方式确认了 9372 颗 Am 星与 1131 颗 Ap 星。李荫碧(Li)等利用 Bagging TopPush 算法从 LAMOST DR4 光谱数据中成功辨认出 1415 颗新发现的碳星。格雷(Gray)等使用 MKCLASS 程序对 LAMOST-Kepler 场中的光谱进行分类,共获得 1067 颗 Am 恒星。柳志存(Liu)等利用线指数从 LAMOST DR5 的 SNRG 大于等于 15 的数据中筛选出了 16032 颗星的 22901 条 OB 星的光谱。郭炎鑫(Guo)等基于 ML-PIL(Multi-Layer Pseudo-Inverse Learning)算法提出了二进制非线性哈希算法,并且利用此方法从 642178 条"UNKNOWN"中搜寻出了 11410 条 M 型恒星的光谱。

稀有恒星的搜寻方法已经成功搜寻出了前所未见的稀有恒星,这些稀有恒星为人类认识银河系甚至整个宇宙提供了更多的样本支持,但目前这些搜寻方法处理的大多是恒星高质量光谱数据,通常无法在恒星低质量光谱上获得成功。随着巡天深度的拓展,望远镜能够收集到的光谱数量越来越多,这其中很多恒星光谱的质量也随之变低。因此,如何从恒星低质量光谱数据中有效地搜寻出稀有的恒星光谱,是当前面临的一个重要问题。然而,由于恒星低质量光谱难于处理,从中搜寻稀有恒星光谱的工作开展得较少。

1.2.4　恒星光谱的大气参数测量

恒星大气参数的测量主要分为直接测量和间接测量,直接测量的要求非常苛刻,能够直接测量的恒星一般都是距离地球非常近的,因此数量极少,所以,恒星大气物理参数主要通过间接测量的方式获得。间接测量主要包括网格定标、线性与非线性拟合、卡方最小化以及机器学习等方法。其中机器学习是目前比较常用的大气参数测量方法。

潘景昌等利用 BP 神经网络和 Ca 线线指数对 SDSS 中恒星的大气金属丰度([Fe/H])进行了测量,证明该方法能够对恒星大气金属丰度进行精确的测量。何(Ho)等利用 Cannon 算法对巨星光谱进行了有效的参数测量。凯西(Casey)等也使用 Cannon 对 RAVE 数据中的恒星参数进行了重新测量,纠正并改进了测量的精度。卜育德(Bu)等利用高斯过程回归(Gaussian Process Regression,GPR)对 SDSS、MILES 和 ELODIE 中的光谱进行了大气参数测量,并且与各种不同的回归方法进行了比较,结果证明 GPR 在不同情况下均能获得较好的精度。卜育德(Bu)等使用极限学习机(Extreme Learning Machine,ELM)算法研究了一种新的确定恒星 α 丰度的方法。将两种基于 ELM 算法的方法"ELM＋spectra"和"ELM＋Lick"线指数应用于 ELODIE 数据库的恒星光谱,结果证明这两种方法在不同信噪比和不同分辨率的情况下均可以较好地测量 α 丰度,对光谱质量具有较好的鲁棒性。除此之外,某些常用的光谱线指数,如 Lick 线指数等,也可以用来建立大气参数预测模型。谭鑫等利用 Lick 线指数线性回归以及神经网络算法对 KURUCZ 模型构建的光谱进行了精确的大气参数测量。

恒星低质量光谱中用于大气参数测量的特征通常难以提取,因此这些方法在恒星低质量光谱的大气参数测量中的精度并不能满足参数测量的要求。所以,在恒星低质量光谱数据中,光谱特征与大气参数之间映射模型的构建是恒星光谱处理的难点之一。

1.3　主要研究内容

1.3.1　恒星低质量光谱的预处理

恒星低质量光谱主要表现为信噪比低、拼接异常、流量缺失、连续谱异常、谱线特征不明显、减天光异常等,其中具有信噪比低、拼接异常以及流量缺失这三个特征的光谱最为常见,而这其中信噪比低的数据又占到了低质量光谱数据的绝大多数。因此,本书主要针对信噪比低、拼接异常和流量缺失的光谱进行了研究。

恒星低质量光谱的预处理问题是恒星光谱自动处理的难点之一。在研究恒星低质量光谱特点的基础上,本书设计了基于生成对抗网络

(Generative Adversarial Network，GANs）的深度学习算法（Spectra-Generative Adversial Nets，Spectra-GANs），并引入了条件变分自编码器（Conditional Variational Autoencoder，CVAE），对恒星低质量光谱进行降噪、拼接异常与流量缺失的修复。天文中最传统的数据处理方法是PCA，PCA能够提取光谱中有用的特征信息，利用这些特征信息能够显著提高恒星光谱的质量。除此之外，RBM与Wavelet也经常被用于处理低质量光谱数据，并且深度学习算法DnCNN(Beyond A Gaussian Denoiser：Residual Learning of Deep CNN for Image Denoising)也是一种较好的低质量数据处理方法。因此，本书将两种方法与PCA、RBM、Wavelet以及DnCNN进行对比。结果证明，与其他四种方法相比，本书方法能够更加有效地解决恒星低质量光谱常见的预处理问题，并且在光谱质量极差的情况下也具有较好的鲁棒性。

1.3.2 恒星低质量光谱的连续谱拟合

恒星光谱主要由连续谱、谱线和噪声组成。连续谱在天文光谱的处理中应用非常广泛。连续谱归一化是目前消除光谱中连续谱信息、提取谱线特征的有效方法，也是进行恒星光谱分类以及后续工作的重要依据。连续谱归一化的前提是能够较准确地提取出连续谱，所以连续谱在恒星光谱分析处理中具有非常重要的意义。因此，本书针对恒星低质量光谱的连续谱拟合进行了相关研究。

常见的连续谱拟合方法主要包括滤波器方法以及多项式拟合等。其中，多项式逼近是多项式拟合中最简单的方法，但是多项式逼近的前提是必须要有一个准确的基向量（流量点）。传统的多项式拟合的基向量（流量点）的选取主要是对部分点进行选取，但是在恒星低质量光谱中拟合点的选取面临着选择不精确以及数量不足的问题，因此部分点的多项式拟合可能会造成信息失真。针对此问题，本书提出了利用蒙特卡罗随机算法的方法，对缺失的流量点进行模拟，然后通过多项式迭代进一步筛选数据点,使得拟合出来的连续谱更加精确,并且在低质量情况下也具有较高的精度和稳定性。

1.3.3　恒星低质量光谱中稀有恒星的搜寻

搜寻和分析稀有天体,对研究银河系以及河外星系的演化具有重要作用。恒星低质量光谱与高质量光谱一样都含有一定数量的稀有恒星,因此,从观测到的恒星低质量光谱中自动搜寻稀有类型的恒星光谱具有重要意义。稀有天体的挖掘算法较多,其中较为常用的包括支持向量机(Support Vector Machine,SVM)、局部异常因子以及神经网络等方法。在研究稀有恒星相关理论的基础上,本书提出主成分分析与基于密度峰值的聚类(Clustering by Fast Search and Find of Density Peaks,CFSFDP)相结合的方法,分别针对低信噪比的恒星低质量模板光谱与低信噪比的恒星低质量观测光谱进行稀有恒星的搜寻,实验结果表明本书的方法能够有效地搜寻出恒星低质量光谱中的稀有恒星光谱。

1.3.4　恒星低质量光谱的参数测量

恒星光谱的大气参数(主要包括 T_{eff}、$\lg g$ 和 $[Fe/H]$)测量是开展恒星研究的基础。恒星光谱中某些光谱特征(如吸收线或发射线)及其相对强度等的提取能够帮助相关研究人员确定恒星的大气参数,并能够通过大气参数建立表示质量、年龄和演化阶段的模型。

深度学习能够通过相关数据建立复杂的映射模型,其中卷积神经网络(Convolutional Neural Network,CNN)是深度学习中使用最广泛的方法之一。卷积神经网络中的卷积层和池化层组合意味着输出参数不仅受输入数据中原有特征的影响,而且还受数据特征组合的影响,这一特点应用在恒星光谱的参数预测中有着明显的优势。因此,本书在研究一维卷积算法 StarNet 的基础上对其进行了改进,并利用改进之后的模型对KURUCZ 合成的恒星低质量光谱与 LAMOST 观测的恒星低质量光谱进行了大气参数测量。实验表明 StarNet 能够对各种低信噪比的恒星低质量光谱进行精确的大气参数测量,测量的精度与稳定性能够满足后续的分析处理对恒星大气参数的要求。

1.4　创新点

创新点 1:针对恒星低质量光谱的预处理,提出了 Spectra-GANs,并引入了 CVAE,来提高低质量光谱的光谱质量。它们不需要任何先验知识,也不需要任何人工干预,就能够实现降噪、拼接异常与流量缺失的修复等多种低质量光谱的预处理。这些优势有望显著提高恒星种群的分类、恒星距离和年龄估算的精确度以及应对许多其他科学挑战的能力。

创新点 2:针对恒星低质量光谱的连续谱拟合的困难,提出了基于蒙特卡罗的恒星低质量光谱连续谱拟合方法。该方法首先利用基于统计窗的流量点筛选方法,筛选出可靠的流量点,然后在此基础上利用蒙特卡罗随机模拟的方法对筛选掉的流量点进行模拟,最后利用多项式迭代拟合的方法进行连续谱的拟合。该方法能够在各种低信噪比的恒星低质量光谱中稳定地拟合出连续谱,可以有效地提升恒星低质量光谱中连续谱的拟合精度和稳定性。

创新点 3:针对恒星低质量光谱中稀有恒星的搜寻,提出了一种主成分分析和基于密度峰值聚类(PCA＋CFSFDP)相结合的搜寻方法。与传统 PCA 用法不同的是,该方法首先选取各种类型的高信噪比恒星光谱作为高质量光谱数据,进行波长统一和流量插值后,利用主成分分析构建通用特征光谱库,然后利用光谱库中特征光谱对低信噪比的恒星低质量光谱进行处理,最后利用基于密度峰值的快速聚类算法 CFSFDP 对处理之后的光谱进行搜寻。CFSFDP 能够通过每条光谱的密度以及相对距离这两个维度快速地确定出离群点的范畴,并且可以通过决策图可视化地显示出稀有恒星的范围。因此,通过 PCA 和 CFSFDP 相结合的方法,可以有效地提升恒星低质量光谱中稀有恒星的搜寻效率。

创新点 4:利用改进的一维卷积神经网络 StarNet 对低信噪比的恒星低质量光谱进行大气参数测量。StarNet 能够直接处理一维光谱数据,减少了光谱折叠的麻烦,并且可以同时输出多个大气参数,减少了训练复杂度。最重要的是,本书对 StarNet 进行了改进,加大了卷积核的宽度,选择了合适的网络结构,使其能够有效避免光谱特征周围无用信号的干扰,并将其首次应用在了恒星低质量光谱的大气参数测量中,实验结果表明该方法可以有效地提高恒星低质量光谱大气参数测量的精确度和鲁棒性。

1.5　各章内容简介

目前国内外专门针对恒星低质量光谱分析与处理的方法比较少,所以恒星低质量光谱中含有大量的未挖掘的天文信息。因此,针对恒星低质量光谱处理中的不同问题,系统地研究恒星低质量光谱的自动处理与分析的相关技术具有非常重要的意义。

本书的主要研究内容如下:

第 1 章,介绍了本书的研究背景及意义,介绍了光谱数字巡天的相关项目以及现阶段面临的挑战,并且对相关的恒星低质量光谱处理与分析方法的研究现状作了总结。

第 2 章,提出了基于生成对抗网络的恒星低质量光谱的预处理方法,同时针对恒星低质量光谱的降噪、拼接异常与流量缺失的修复问题,设计了基于生成对抗网络的深度学习算法 Spectra-GANs,并引入了 CVAE 对恒星低质量光谱进行预处理。

第 3 章,针对恒星低质量光谱连续谱的拟合问题,提出了基于蒙特卡罗的连续谱拟合方法,并通过对各种低信噪比的恒星低质量光谱连续谱的有效拟合验证了算法的精确性和鲁棒性。

第 4 章,对恒星低质量光谱中稀有恒星的搜寻算法进行了介绍与分析,在此基础上提出了主成分分析和基于密度峰值聚类相结合(PCA+CFSFDP)的恒星低质量光谱中稀有恒星的搜寻方法;通过对 SDSS 巡天光谱数据中模拟的恒星低质量光谱以及实际观测的恒星低质量光谱中的稀有恒星搜寻分析,证明了该方法的有效性。

第 5 章,利用改进的一维卷积神经网络 StarNet 对恒星低质量光谱进行了大气参数测量,分别对 KURUCZ 合成的恒星低质量光谱数据与 LAMOST 实际观测的恒星低质量光谱数据进行了大气参数的测量。实验结果表明该方法能够对不同恒星低质量光谱的大气参数进行精确的测量。

第 6 章,对本书方法的优缺点进行了总结,并对本领域未来的发展方向进行了展望。

第 2 章　恒星低质量光谱的预处理

恒星低质量光谱的预处理步骤主要包括降噪、拼接异常与流量缺失的修复。光谱预处理的作用主要包含两方面：第一，降低光谱中无用的信号对后续光谱分析的影响；第二，从预处理后的光谱中提取有用的光谱特征。因此，光谱的预处理是天文光谱尤其是恒星低质量光谱的处理分析中非常重要的一环，可为后续的分析处理奠定坚实的基础。近年来，深度学习作为机器学习中最重要的分支之一，在各种数据处理的任务中得到了广泛的应用。因此，本章在深度学习算法的基础上对恒星低质量光谱进行预处理。

2.1　生成对抗网络 GANs

生成对抗网络 GANs 是古德费洛（Goodfellow）在 2014 年提出的一种深度学习算法，在过去几年里已成为深度学习中最热门的算法之一。机器学习学者杨立昆（Yann LeCun）曾说过"GANs 是过去 10 年机器学习最有趣的想法"。生成对抗网络算法主要利用的是博弈论中的零和博弈思想对神经网络的输出结果进行对抗训练，从而使得输出结果尽可能地接近目标值。生成对抗网络的原理图如图 2-1 所示。

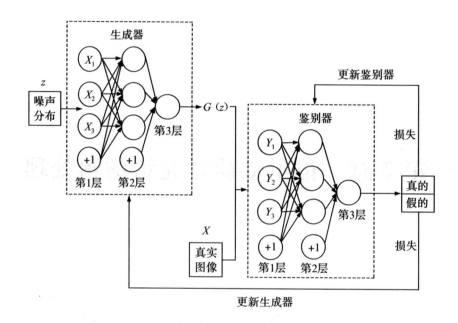

图 2-1　GANs 原理图

(1)网络结构主要分为两部分:一部分为生成器(Generator),一部分为鉴别器(Discriminator)。

(2)生成器的目标是生成想要的数据,输入的 Z 是服从 $P(z)$ 分布的随机噪声数据,输出的为生成器映射的 $G(z)$。

(3)鉴别器的目标是判别生成数据的真假。输入为两部分:一部分是生成器的输出 $G(z)$,另一部分为真实的目标数据 X。输出为鉴别器鉴别的概率值,也就是判断 $G(z)$ 和 X 为真或假的概率。如果为 1,就代表 100%为真实数据;如果为 0,就代表不可能为真实数据。

(4)在训练过程中,生成器的目的就是让生成的数据尽可能接近真实数据,以欺骗鉴别器;鉴别器的目的就是尽可能将真实数据和生成的假数据分开,也就是让真实数据的概率尽量接近于 1,让生成数据的概率尽量接近于 0。

(5)根据第(4)步鉴别器输出的概率值,生成器调整自己的训练策略,再次进行假数据生成，调整策略采用 $\nabla_{\theta_g}\dfrac{1}{m}\sum\limits_{i=1}^{m}[\log(1-D(G(z^{(i)})))]$ 进行梯度下降；同时鉴别器根据生成器的生成结果调整自己的训练策略，调整策略采用 $\nabla_{\theta_d}\dfrac{1}{m}\sum\limits_{i=1}^{m}\{\log[D(x^{(i)})]+[\log(1-D(G(z^{(i)})))]\}$ 进行梯度下降，如此循环往复，直到达到预定的损失阈值或者训练次数。

上述五步就是整个 GANs 的训练过程，最后博弈的结果就是生成器可以生成足以"以假乱真"的数据；鉴别器难以判定数据的真假，也就是 $D(G(z))=0.5$。GANs 的损失函数如公式(2-1)所示，训练鉴别器最大化分类正确的概率如公式(2-2)所示。同时，如公式(2-3)所示，训练生成器最小化 $\log(1-D(G(z)))$。换句话说，鉴别器和生成器进行了一个最大、最小的博弈过程。也就是说，生成器希望 $\log(1-D(G(z)))$ 越大越好，所以 $V(D,G)$ 就会变小，因此公式中 G 的损失函数是 $\min\limits_{G}$；而鉴别器正好相反，希望 $D(G(z))$ 越小越好，所以 $V(D,G)$ 会变大，因此看到公式中鉴别器的损失函数是 $\max\limits_{D}$。

$$\min_{G}\max_{D} V(D,G) = E_{X\sim P_{data}(x)}[\log D(x)]+E_{Z\sim P_z(z)}[\log(1-D(G(z)))]$$
(2-1)

$$\max_{D} V(D,G) = E_{X\sim P_{data}(x)}[\log D(x)]+E_{Z\sim P_z(z)}[\log(1-D(G(z)))]$$
(2-2)

$$\min_{G} V(D,G) = E_{Z\sim P_z(z)}[\log(1-D(G(z)))]$$
(2-3)

由于在 GANs 中使用了极大极小优化，所以可能导致训练不稳定。为了解决 GANs 存在的问题，衍生出了很多基于 GANs 算法的改进。例如，深度卷积 GANs（Deep Convolutional GANs，DCGANs）利用 U-Nets 结构训练数据，是训练稳定性和输出质量方面的第一个重大进步。它在训练中生成更高质量、更加稳定的结果，并且在解决复杂问题上比 GANs 好得多。条件 GANs（Conditional GANs，CGANs）解决了原始 GANs 训练太过自由的问题，给 GANs 加了一些约束条件，利用标签信息作为条件训练数据，以可控制的方式生成质量更高的图像。除此之外，WGANs（Wasserstein GANs）在 GANs 中融合了 Wasserstein 距离，增强了训练的稳定性，并且使损失函数具有更好的可解释性。

在天文降噪方面，沙温斯基（Schawinski）和斯塔克（Stark）等分别利用 CGANs 进行了星系图像的降噪与点源函数的修复，并且取得了理想的效果。

2.2　基于生成对抗网络的 Spectra-GANs 设计

PCA 是天文学中最传统也是最常用的光谱数据降噪方法之一，然而它处理的主要是数据之间的线性关系，对于非线性关系的处理能力不能满足数据处理的要求，因此，亟须一种替代 PCA 的降噪方法出现。近几年，深度学习的出现使得很多线性算法不能解决的问题迎刃而解。本书设计了一种叫 Spectra-GANs 的算法对恒星低质量光谱进行处理。

本书使用的 Spectra-GANs 来自加州大学伯克利分校的朱俊彦在 2017 年提出的 Cycle-GANs（Cycle-consistent Generative Adversarial Networks）。Cycle-GANs 最初的想法主要是用来解决训练中标签数据不足的问题，提出了利用非成对数据进行训练的方法。它可以实现两个数据域的数据迁移，并且利用循环一致性来避免出现模型坍塌，如图 2-2 与图 2-3 所示。

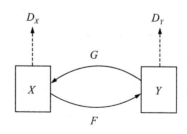

图 2-2　Cycle-GANs 总体结构图

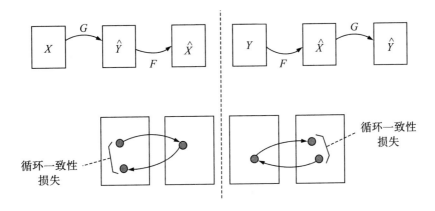

图 2-3　Cycle-GANs 细节结构图

与 GANs 不同的是,Cycle-GANs 采用的是两个训练方向相反的 GANs,因此它有两个生成器,一个是 $G:X{\rightarrow}Y$,另一个是 $F:Y{\rightarrow}X$;同时也有两个鉴别器 D_X 与 D_Y,鉴别器 D_X 主要是用来分辨输入的 X 和输出的 $F(y)$ 的真假,而鉴别器 D_Y 的目标是分辨 Y 和 $G(x)$ 的真假。因此,它的对抗损失函数由两部分组成:

$$L_{\mathrm{GAN}}(F,D_X) = E_{X{\sim}P_{\mathrm{data}(x)}}\big[\log D_X(x)\big] + E_{Y{\sim}P_{\mathrm{data}(y)}}\big[\log(1 - D_X(F(y)))\big]$$

$$(2\text{-}4)$$

$$L_{\mathrm{GAN}}(G,D_Y) = E_{Y{\sim}P_{\mathrm{data}(x)}}\big[\log D_Y(y)\big] + E_{X{\sim}P_{\mathrm{data}(x)}}\big[\log(1 - D_Y(F(x)))\big]$$

$$(2\text{-}5)$$

与此同时,为了进一步正则化生成器防止模型坍塌,Cycle-GANs 引入了另外的两个循环一致性损失,也就是生成的数据可以通过反卷积的方式再修复到原始的输入数据,即 $x{\rightarrow}G(x){\rightarrow}F(G(x)){\approx}\hat{x}$ 和 $y{\rightarrow}F(y){\rightarrow}G(F(y)){\approx}\hat{y}$。这两个循环的一致性损失可以利用下面的公式表示:

$$L_{\mathrm{cyc}}(G,F) = E_{X{\sim}P_{\mathrm{data}(x)}}\big[\parallel F(G(x)) - x \parallel_1\big] + E_{Y{\sim}P_{\mathrm{data}(y)}}\big[\parallel G(F(x)) - y \parallel_1\big]$$

$$(2\text{-}6)$$

因此,结合公式(2-6),Cycle-GANs 的损失函数可以表示为:

$$L_{\mathrm{cyc}}(G,F,D_X,D_Y) = L_{\mathrm{GAN}}(G,D_Y) + L_{\mathrm{GAN}}(F,D_X) + \lambda L_{\mathrm{cyc}}(G,F) \quad (2\text{-}7)$$

其中，λ 为超参数，用来表示两类损失函数的相对重要性。

本书设计的 Spectra-GANs 来自 Cycle-GANs。如图 2-4 所示，与 Cycle-GANs 相同的是，Spectra-GANs 也包含两个鉴别器（D_X 和 D_Y）和两个生成器（G 和 F），并且整个网络也由两个循环组成，也就是 $X \to \hat{Y} \to \hat{X}$ 与 $Y \to \hat{X} \to \hat{Y}$。然而，与 Cycle-GANs 不同的是，Spectra-GANs 的损失函数除了包含对抗损失（Adversarial Loss）和循环一致性损失（Cycle-consistent Loss）外，还包含了生成一致性损失（Generation-consistent Loss）。具体解释如下：

（1）对抗损失，如公式（2-4）与公式（2-5）所示，由两个生成器 G 和 F 的对抗损失组成。

（2）循环一致性损失，如公式（2-6）所示，与 Cycle-GANs 相同，主要用来防止模型坍塌。

（3）生成一致性损失，如公式（2-8）所示，其中 $x \to G(x) \approx y$ 以及 $y \to F(y) \approx x$。主要用来进一步约束生成器的生成空间，减少生成的自由性，并且控制每个循环的前向循环（$X \to Y$ 和 $Y \to X$）能够快速地收敛到相对应的目标函数。

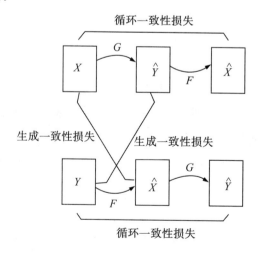

图 2-4　Spectra-GANs 的原理图

$$L_{\mathrm{gen}}(G,F) = E_{X\sim P_{\mathrm{data}}(x),Y\sim P_{\mathrm{data}}(y)}\big[\,\|\,G(x)-y\,\|_1\,\big]$$
$$+ E_{Y\sim P_{\mathrm{data}}(y),X\sim P_{\mathrm{data}}(x)}\big[\,\|\,F(y)-x\,\|_1\,\big] \qquad (2\text{-}8)$$

因此,最终的损失函数如下:

$$L(G,F,D_X,D_Y) = L_{\mathrm{GAN}}(G,D_Y,X,Y) + L_{\mathrm{GAN}}(F,D_X,Y,X)$$
$$+ \lambda_1 L_{\mathrm{cyc}}(G,F) + \lambda_2 L_{\mathrm{gen}}(G,F) \qquad (2\text{-}9)$$

其中,λ_1 和 λ_2 是超参数,控制生成一致性损失和循环一致性损失的相对重要性,本书将其设置为相等。

由于恒星光谱质量影响因素的复杂性,与 Cycle-GANs 不同的是,Spectra-GANs 训练数据由成对的数据组成,也就是如前文所述的来自同一恒星的不同质量的两条光谱(见图 2-5),X 代表低质量光谱数据,Y 代表同源(相同 R.A. 与 Decl.)的高质量光谱数据。因此,与 Cycle-GANs 相比,鉴别器的任务没有变化,但是生成器的任务发生了变化,除了欺骗鉴别器之外,还要确保生成器的输出在 L_1 范式下尽可能地接近于真实的输出。也就是说,低质量光谱尽可能地靠近与之同源的高质量光谱,从而实现恒星光谱的预处理目标。

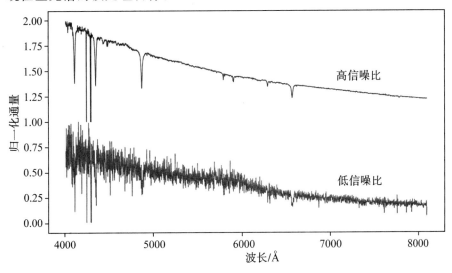

图 2-5　同源不同信噪比的两条光谱数据

2.3 基于 Spectra-GANs 的降噪

恒星光谱在传播过程中由于受大气湍流等因素的影响和仪器本身的限制,使得到的光谱数据受到不同程度的噪声影响。虽然在光谱发布之前已经经过了一些降噪处理,但是发布的光谱中依然有很多不能满足具体的任务要求,因此对于恒星光谱来说,降噪是后续光谱分析与处理的基础。随着各种数字巡天项目的实施,恒星光谱的数据量呈指数增长,如何实现快速准确的恒星光谱的降噪,是天文数据挖掘领域的重要课题。本书主要通过基于 Spectra-GANs 的深度学习方法对恒星低信噪比光谱进行降噪处理。

2.3.1 实验方案设计

本实验数据来自 LAMOST DR5,主要包含三组数据:D1,包含 $15 \geqslant$ SNR$\geqslant 10$ 的恒星低信噪比光谱数据以及同源的 SNR$\geqslant 50$ 的恒星高信噪比数据;D2,包含 $10 \geqslant$ SNR$\geqslant 5$ 的恒星低信噪比光谱数据以及同源的 SNR$\geqslant 50$ 的恒星高信噪比数据;D3,包含 $5 \geqslant$ SNR$\geqslant 2$ 的恒星低信噪比光谱数据以及同源的 SNR$\geqslant 50$ 的恒星高信噪比光谱数据。数据集的具体构成如表 2-1 所示。本实验在这三组不同信噪比的同源光谱数据中测试 Spectra-GANs 的降噪能力。

表 2-1 D1、D2 与 D3 数据集的构成

数据集名称	信噪比	光谱数量/条
D1	低信噪比光谱($15 \geqslant$ SNR$\geqslant 10$)	7000
	高信噪比光谱(SNR$\geqslant 50$)	7000
D2	低信噪比光谱($10 \geqslant$ SNR$\geqslant 5$)	8000
	高信噪比光谱(SNR$\geqslant 50$)	8000

续表

数据集名称	信噪比	光谱数量/条
D3	低信噪比光谱(5≥SNR≥2)	6000
	高信噪比光谱(SNR≥50)	6000

LAMOST 光谱的分辨率是 R～1800,并且波长范围为 370～910 nm
(3700～9100 Å)。为了方便 Spectra-GANs 算法的处理,在本实验中,波长
的范围统一为 400～809.5 nm(4000～8095 Å),共 4096 维。这个范围基本上
包含了所有用于恒星光谱处理分析的重要谱线。对于光谱的处理,本实验
仅仅做了归一化,利用公式(2-10)将光谱的流量范围归一化到[0,1]之间。

$$x_{norm} = \frac{x - \min(x)}{\max(x) - \min(x)} \tag{2-10}$$

其中,$x = [x_1, x_2, \cdots, x_n]$代表了一条光谱数据,$n$ 在这里的数值为 4096。

D1、D2 和 D3 三组数据的每一组都被随机分成两个子集:训练集和测
试集。训练集分别包含高信噪比和低信噪比的光谱各 6000 条、7000 条和
5000 条,测试集每一个都包含高信噪比和低信噪比的光谱各 1000 条,其
中训练集又按照 80% 和 20% 的比例进行训练和验证。训练循环次数
epochs 设置为 20000,batch size 设置为 5。

2.3.2　实验结果及分析

2.3.2.1　实验结果

利用上述训练模型对 D1、D2 和 D3 中的测试集分别进行测试。从每
个测试集的测试结果中随机选取一个测试结果进行展示。

实验结果如图 2-6 至图 2-8 所示,它们分别显示 Spectra-GANs 算法
在 D1、D2 以及 D3 上的降噪效果,其中蓝色的线代表原始的高信噪比光
谱,橘黄色的线代表降噪之后的光谱,绿色的线代表原始的低信噪比光
谱。可以看出,Spectra-GANs 能够将三组不同的低信噪比光谱很好地修

复到相应的高信噪比光谱的水平。此外,如图 2-8 所示,Spectra-GANs 还能够对连续谱异常的趋势进行修正。

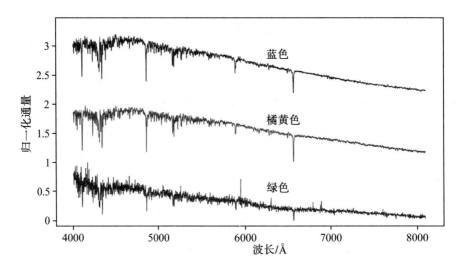

图 2-6　Spectra-GANs 在 D1 的降噪结果

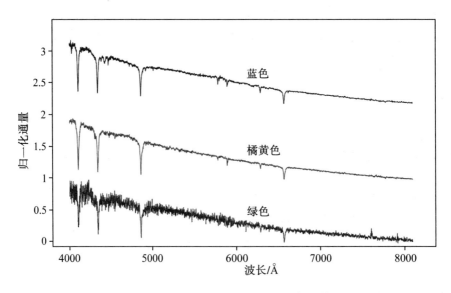

图 2-7　Spectra-GANs 在 D2 的降噪结果

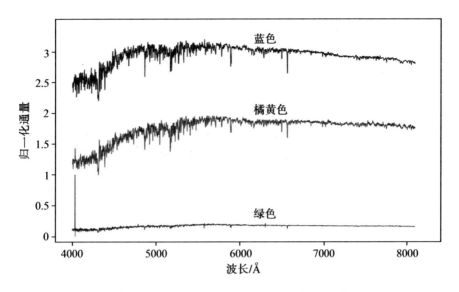

图 2-8　Spectra-GANs 在 D3 的降噪结果

2.3.2.2　不同方法对比

　　目前为止,主成分分析和小波变换已经被广泛应用于天文数据的处理当中,它们可以用来进行光谱的降维、降噪以及连续谱提取等。受限玻尔兹曼机(Restricted Boltzmann Machine,RBM)也经常被用在恒星低质量光谱的处理中。其原理图如图 2-9 所示,可以看出 RBM 中只包含两层,一层为可视层,一层为隐藏层,并且每层的节点之间是相互独立的,也就是隐藏层的节点只与可视层的节点有关联,这种设计让 RBM 训练起来比较容易。DnCNN 也是一种效果较好的低质量数据处理算法。如图 2-10所示,算法利用了残差学习(Residual Learning)和批量标准化(Batch Normalization,BN)进行图片中噪声的学习,所以 DnCNN 需要使用纯数据和纯噪声进行训练。因此,本实验将 Spectra-GANs 与 PCA、Wavelet、RBM 以及 DnCNN 进行降噪结果的对比。

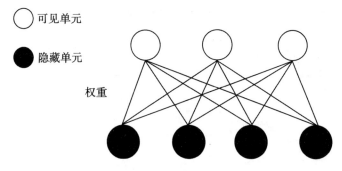

图 2-9   RBM 原理图

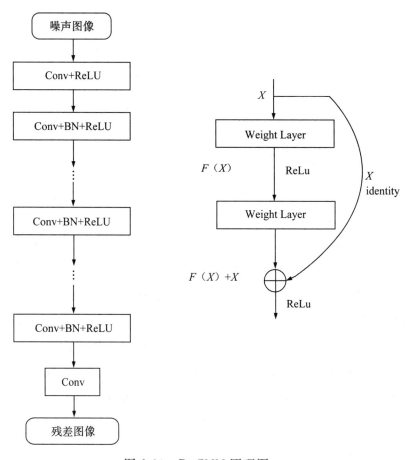

图 2-10   DnCNN 原理图

利用 PCA 分别从 D1、D2 和 D3 的测试集中获取特征向量,最终分别取方差贡献率大于 99% 的前 3 个、前 8 个和前 83 个特征向量对每组低信噪比数据进行降噪。Wavelet 的使用涉及小波基的选择,由于 Haar 小波基经常被用在天文光谱的处理中,因此在这里选择 Haar 小波基进行光谱的分解。实验发现二阶小波分解的低频信号具有很好的降噪效果,所以选择表 2-1 中测试集的二阶分解低频信号作为降噪后的光谱。RBM 中隐藏层的节点数设置为 500,epochs 的次数选择为 1000,选择表 2-1 中的测试集进行特征值的抽取。DnCNN 的参数参照王可的研究结果进行设置,训练数据和测试数据如表 2-1 所示,与 Spectra-GANs 相同。

图 2-11、图 2-12 和图 2-13 分别是来自 D1、D2 和 D3 的对比结果,其中蓝色的线代表原始的高信噪比光谱,绿色的线代表原始的低信噪比光谱,橘黄色的线代表 Spectra-GANs 降噪之后的光谱,红色的线代表 PCA 降噪之后的光谱,紫色的线代表 DnCNN 降噪之后的光谱,棕色的线代表 RBM 降噪之后的光谱,粉色的线代表 Wavelet 降噪之后的光谱。从图中可以看到本书的方法比其他四种方法的降噪效果都要好。

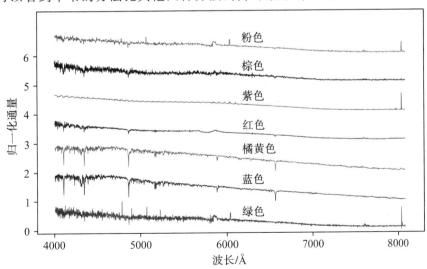

图 2-11　D1 的降噪结果

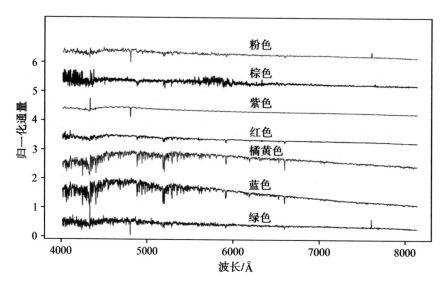

图 2-12　D2 的降噪结果

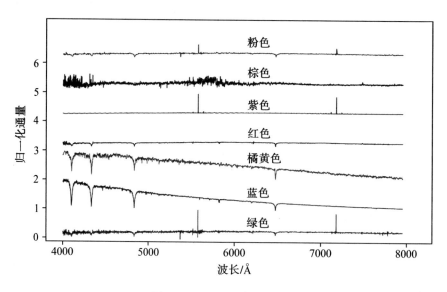

图 2-13　D3 的降噪结果

如图 2-11 所示,PCA、RBM、Wavelet 以及 DnCNN 能够修复大部分重要的谱线特征,然而谱线的宽度和深度与真实的高信噪比光谱还有一定的差距。Spectra-GANs 基本可以修复所有的谱线特征,并且谱线的深度和宽度与真实的高信噪比光谱基本一致,而且连续谱的趋势也可以被纠正。

如图 2-12 与图 2-13 所示,在更低信噪比条件下(10≥SNR≥5 和 5≥SNR≥2),Spectra-GANs 的降噪效果与其他四种方法相比效果依然是最好的。PCA 降噪得到的连续谱的形状和低信噪比基本一致,但是可以看到光谱的连续谱趋势可能由于某种原因造成了扭曲,和真实的高信噪比光谱不一样。Spectra-GANs 能够很好地对降噪之后光谱的连续谱趋势进行纠正,这表明本书的方法可能学到了某种噪声模型。通过这种噪声模型,算法能够很好地实现低信噪比光谱到高信噪比光谱的映射。

虽然 DnCNN 是一种很好的降噪方法,但是其降噪之后的光谱效果比其他结果都要差,原因可能是 DnCNN 缺乏训练数据。DnCNN 的训练需要同时具备无噪声的纯光谱数据和纯噪声数据[如图 2-14 所示,图(a)表示的是纯光谱数据,图(b)表示的是纯噪声数据,图(c)表示的是纯光谱中加噪声的数据],但是实测恒星光谱的噪声非常复杂,因此它的降噪效果比较差。同时,Wavelet 和 RBM 的降噪效果也不如 Spectra-GANs。

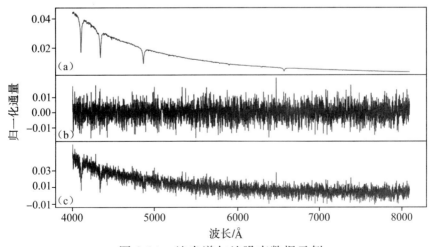

图 2-14　纯光谱与纯噪声数据示例

本部分将光谱降噪前后的 Lick 线指数和降噪前后全光谱的平均绝对值误差（Mean Absolute Error，MAE）作为定量分析的标准。计算公式为：

$$MAE = \frac{1}{M} \sum_{m=1}^{M} |e| \qquad (2\text{-}11)$$

其中，e 代表同源的高信噪比和低信噪比的全光谱流量（Lick 线指数）的残差，M 代表测试集中光谱的个数。

MAE 代表的是真实的高信噪比光谱与降噪之后得到的光谱之间的误差的平均值，因此，MAE 越大，表明降噪之后的光谱与原始的高信噪比光谱之间的差异越大，算法的表现越差，反之越好。因此，在这里用 MAE 来反映算法的表现。

（1）Lick 线指数的比较。本部分比较使用 Spectra-GANs 与其他四种方法降噪之后光谱的 Lick 线指数（见表 2-2）。Lick/IDS 线指数系统是一组光谱的吸收线指数，也是目前应用最广泛的线指数系统，并且 Lick 线指数经常被用作恒星光谱分析的参数。

表 2-2　Lick 线指数

序号	名称	特征带宽/Å	蓝端连续谱/Å	红端连续谱/Å	标签
1	CN$_1$	4142.125～4177.125	4080.125～4117.625	4244.125～4284.125	1
2	Ca4227	4222.250～4234.750	4211.000～4219.750	4241.000～4251.000	0
3	G4300	4281.375～4316.375	4266.375～4282.625	4318.875～4335.125	0
4	Fe4383	4369.125～4420.375	4359.125～4370.375	4442.875～4455.375	0
5	Ca4455	4452.125～4474.625	4445.875～4454.625	4477.125～4492.125	0

续表

序号	名称	特征带宽/Å	蓝端连续谱/Å	红端连续谱/Å	标签
6	Fe4531	4514.250～4559.250	4504.250～4514.250	4560.500～4579.250	0
7	Fe4668	4634.000～4720.250	4611.500～4630.250	4742.750～4756.500	0
8	Hβ	4847.875～4876.625	4827.875～4847.875	4876.625～4891.625	0
9	Fe5015	4977.750～5054.000	4946.500～4977.750	5054.000～5065.250	0
10	Mg₁	5096.125～5134.125	4895.125～4957.625	5301.125～5366.125	1
11	Mg₂	5154.125～5196.625	4895.125～4957.625	5301.125～5366.125	1
12	Mg_b	5160.125～5192.625	5142.625～5161.375	5191.375～5206.375	0
13	Fe5270	5245.650～5285.650	5233.150～5248.150	5285.650～5318.150	0
14	Fe5335	5312.125～5352.125	5304.625～5315.875	5353.375～5363.375	0
15	Fe5406	5387.500～5415.000	5376.250～5387.500	5415.000～5425.000	0
16	Fe5709	5696.625～5720.375	5672.875～5696.625	5722.875～5736.325	0
17	Fe5782	5776.625～5796.625	5765.375～5775.375	5797.875～5811.625	0
18	NaD	5876.875～5909.375	5860.625～5875.625	5922.125～5948.125	0

续表

序号	名称	特征带宽/Å	蓝端连续谱/Å	红端连续谱/Å	标签
19	TiO$_1$	5936.625～5994.125	5816.625～5849.125	6038.625～6103.625	1
20	TiO$_2$	6189.625～6272.125	6066.625～6141.625	6372.625～6415.125	1
21	Hδ_A	4084.750～4123.500	4042.850～4081.000	4129.750～4162.250	0
22	Hγ_A	4321.000～4364.750	4284.750～4321.000	4368.500～4421.000	0
23	Hδ_F	4092.250～4113.500	4058.500～4098.75	4116.000～4138.500	0
24	Hγ_F	4332.500～4353.500	4284.750～4621.000	4356.000～4386.000	0

注:1 Å=0.1 nm。

在波长范围 400～640 nm(4000～6400 Å)之间定义了 25 条线指数特征。Lick 线指数一共包含 25 条吸收线指数,主要由两种指数组成:一种是原子线,另一种是分子带。其中 19 条是原子线,另外 6 条是分子带。每个线指数是以某一波段内最突出吸收线的名字命名的,然而某一波段范围内并不只有这一条吸收线,因此它的值并不仅仅由这一条吸收线决定。

分子带以等值宽度进行表示,即:

$$EW = \int_{\lambda_1}^{\lambda_2} \left(1 - \frac{F_{I\lambda}}{F_{C\lambda}}\right) d\lambda \tag{2-12}$$

其中,λ_1 和 λ_2 分别代表的是线指数内的起始波长和终止波长;$F_{I\lambda}$ 代表的是原始光谱在波长范围内的平均流量;$F_{C\lambda}$ 代表的是伪连续谱在波长范围内的平均流量。

伪连续谱原子线以星等的形式进行表示,即:

$$Mag = -2.5\log\left[\left(\frac{1}{\lambda_2 - \lambda_1}\right)\int_{\lambda_1}^{\lambda_2}\frac{F_{I\lambda}}{F_{C\lambda}}\mathrm{d}\lambda\right] \tag{2-13}$$

本实验首先分别计算 Spectra-GANs 等五种方法降噪之后的光谱与原始的高信噪比光谱的 Lick 线指数,然后计算它们之间的 *MAE*,结果如图 2-15 所示。

从图 2-15 中可以看到,除了 $10 \geqslant \mathrm{SNR} \geqslant 5$ 中的两个线指数(Fe4531 与 Fe4668)之外,Spectra-GANs 降噪之后的光谱的 Lick 线指数比其他四种方法都要好。因此,在低信噪比(尤其是极低信噪比,$5 \geqslant \mathrm{SNR} \geqslant 2$)情况下,Spectra-GANs 算法在降噪的同时能够更好地修复谱线特征。

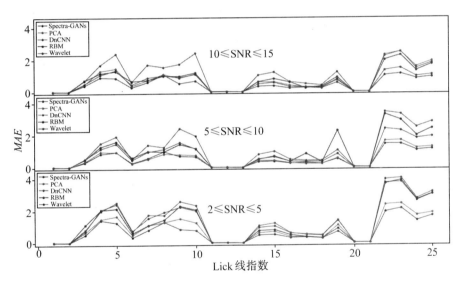

图 2-15　D1、D2 与 D3 中光谱降噪的 Lick 线指数对比图

(2)全光谱平均绝对误差损失对比。本部分通过比较 Spectra-GANs 与降噪之后的全光谱的 *MAE* 来验证算法的效果。*MAE* 的计算与前文相同,不同的是,在这里计算的是降噪之后的光谱与真实高信噪比的光谱的流量值的平均绝对误差。光谱降噪之后的全光谱 *MAE* 对比图如图 2-16 至图 2-18 所示。

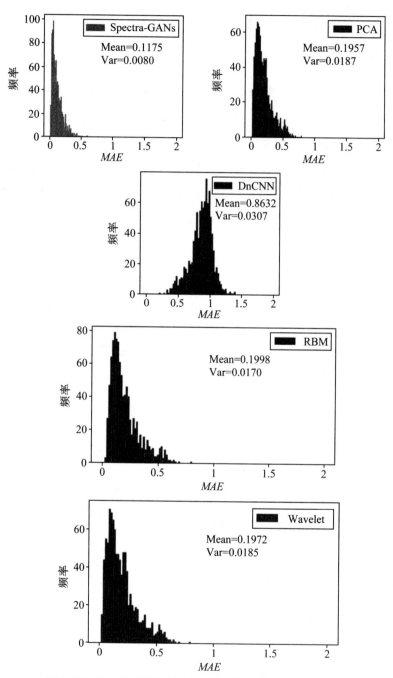

图 2-16　D1 中光谱降噪之后的全光谱 *MAE* 对比图

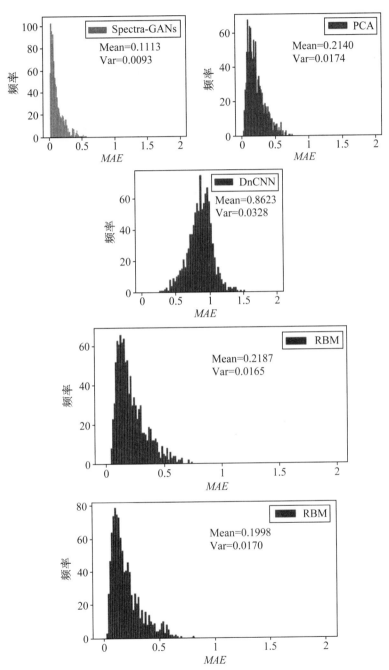

图 2-17　D2 中光谱降噪之后的全光谱 *MAE* 对比图

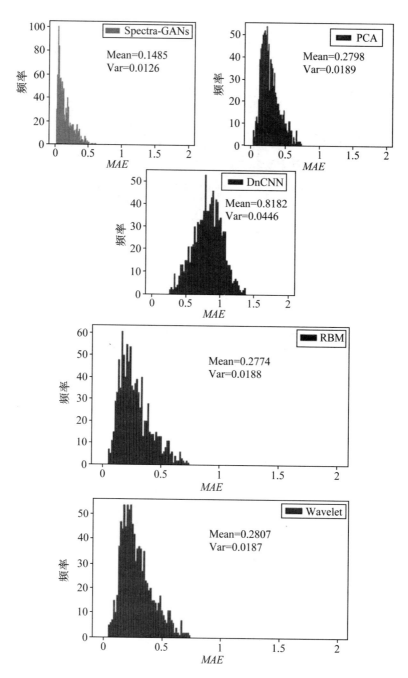

图 2-18 D3 中光谱降噪之后的全光谱 MAE 对比图

2.4　基于 CVAE 的流量缺失修复

天文光谱仪在观测过程中经常会包含仪器或者人为因素影响的光谱区域,这些区域有时候会表现为出现间隙或缺少光谱流量(见图 2-19)。这种光谱就是前文提到的流量缺失光谱,它是一种常见的恒星低质量光谱的表现形式。为了更好地利用这些观测到的流量缺失光谱,需要对这些不完整的光谱进行流量缺失的修复,然后再作进一步的处理与分析。

CVAE 是变分自编码器(Variational Autoencoder,VAE)的变体,它在生成模型中引入了条件信息,使其能够生成特定条件下的数据。这个条件可以是任何额外的信息,例如类别标签、文本描述、其他特征。条件变分自编码器包括一个编码器,用于将观测数据和条件信息映射到一个潜在空间以及一个解码器,用于将潜在变量和条件信息映射回数据空间。模型旨在最大化地生成数据的似然性,以确保生成的数据与给定条件一致。在训练过程中,CVAE 优化一个损失函数,包括用于测量数据相似性的重构损失和鼓励潜在变量分布接近标准正态分布的正则化项。通过引入条件性,CVAE 提供了一个强大的框架,可以生成既具有潜在空间表示性又对特定条件或上下文作出响应的数据。

CVAE 结合了变分自编码器的生成能力和条件生成的灵活性,因此在各种任务中表现出色,包括图像缺失修复。在图像缺失修复中,CVAE 可以用于生成丢失或损坏的图像部分,通过将已知图像部分(条件)与隐变量结合,从而生成缺失部分的图像。

本小节同样利用 CVAE 进行流量缺失光谱的修复,并且与 PCA、Wavelet、RBM 以及 DnCNN 等四种方法进行实验结果的比较。

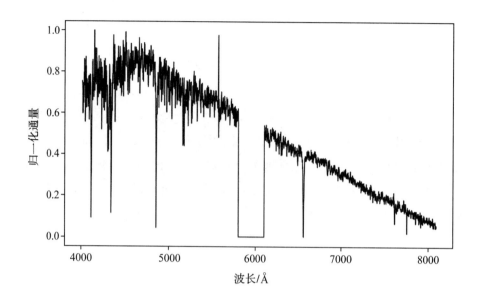

图 2-19　流量缺失光谱示意图

2.4.1　实验方案设计

本实验数据来自 LAMOST DR5,使用的方法依然是 CVAE,主要包含三组数据:D4,包含 15≥SNR≥10 的恒星低质量的流量缺失光谱数据以及同源的 SNR≥50 的恒星高质量光谱数据;D5,包含 10≥SNR≥5 的恒星低质量的流量缺失光谱数据以及同源的 SNR≥50 的恒星高质量光谱数据;D6,包含 5≥SNR≥2 的恒星低质量的流量缺失光谱数据以及同源的 SNR≥50 的恒星高质量光谱数据。同样每组分别选择高质量和低质量的光谱数据各 6000 条、7000 条和 5000 条作为训练集,每组剩下的高质量和低质量光谱数据各 1000 条作为测试集,其中训练集又按照 80% 和 20% 的比例进行训练和验证,具体如表 2-3 所示。同样,为了方便算法的处理,这些光谱的波长范围统一为 400~809.5 nm(4000~8095 Å),共 4096 维。

流量缺失的光谱通过模拟的方式获得,模拟步骤如下:

(1)对于 D1、D2 和 D3 的低质量数据中每一条光谱,随机选择 300 个连续的流量点,将它们的流量设置为 0。

(2)将第(1)步得到的光谱通过公式(2-10)归一化到[0,1],得到的光谱即为流量缺失的光谱。

此外,D1、D2 和 D3 的高质量数据中每一条光谱也通过公式(2-10)归一化到[0,1]。按上述步骤得到的数据集即为 D4、D5 和 D6 数据集。

表 2-3　D4、D5 与 D6 数据集的构成

数据集名称	信噪比	光谱数量/条
D4	流量缺失光谱(15≥SNR≥10)	7000
	高质量光谱(SNR≥50)	7000
D5	流量缺失光谱(10≥SNR≥5)	8000
	高质量光谱(SNR≥50)	8000
D6	流量缺失光谱(5≥SNR≥2)	6000
	高质量光谱(SNR≥50)	6000

2.4.2　实验结果及分析

2.4.2.1　实验结果

将 2.3.1 节中获得的光谱与相对应的高质量光谱(SNR≥50)同时输入 CVAE 中,其中 epochs 设置为 20000,batch size 设置为 5。用训练好的模型对测试集进行测试,结果如图 2-20 至图 2-22 所示,其中蓝色的线代表原始的高信噪比光谱,橘黄色的线代表修复之后的光谱,绿色的线代表原始的低质量的流量缺失光谱。实验结果显示,在三段不同的数据集中,CVAE 都可以有效地将光谱中流量缺失部分成功修复。

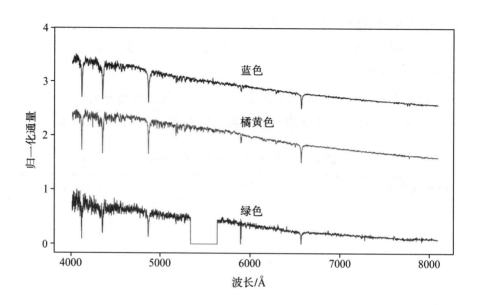

图 2-20　CVAE 对 D4 流量缺失的修复结果

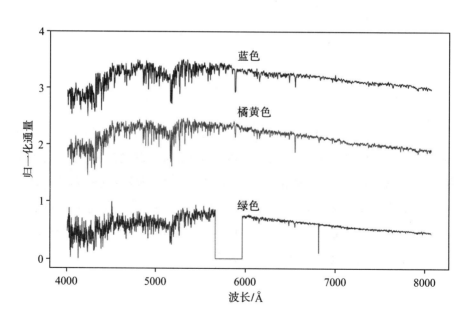

图 2-21　CVAE 对 D5 流量缺失的修复结果

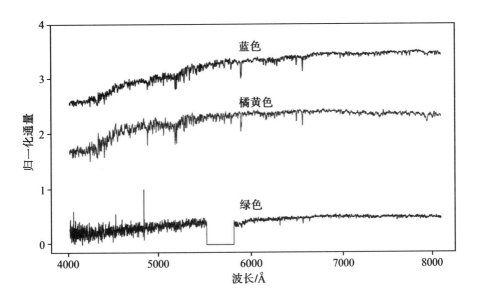

图 2-22 CVAE 对 D6 流量缺失的修复结果

2.4.2.2 不同方法对比

在本部分中,同时使用 PCA、RBM、Wavelet、DnCNN 和 CVAE 对测试集进行测试。利用 D4、D5 和 D6 中的训练集对 DnCNN 进行训练;利用 PCA 和 RBM 对训练集进行特征提取;利用 Wavelet 对训练集进行光谱分解,同样选取二阶低频信号作为处理之后的光谱。参数设置与 2.1.3 节中的设置相同。

实验结果如图 2-23 至图 2-25 所示,其中绿色的线代表原始的流量缺失光谱,蓝色的线代表原始的高质量光谱,橘黄色的线代表 CVAE 修复之后的光谱,红色的线代表 PCA 修复之后的光谱,紫色的线代表 DnCNN 修复之后的光谱,棕色的线代表 RBM 修复之后的光谱,粉色的线代表 Wavelet 修复之后的光谱。

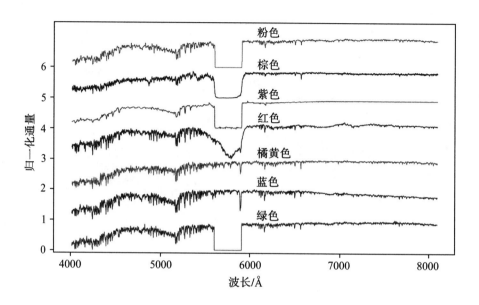

图 2-23 D4 中不同方法的流量缺失修复结果对比

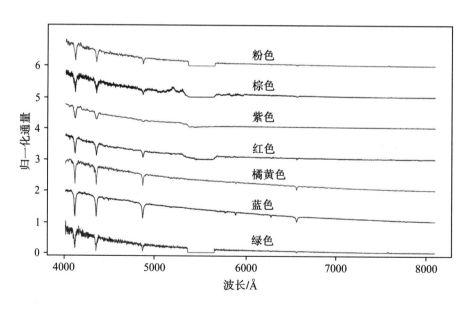

图 2-24 D5 中不同方法的流量缺失修复结果对比

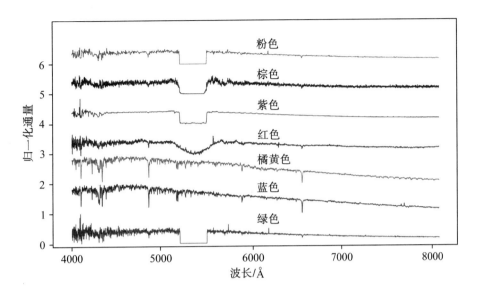

图 2-25　D6 中不同方法的流量缺失修复结果对比

通过以上实验发现,不同质量范围内流量缺失光谱的修复结果与上文的低信噪光谱降噪结果相似,CVAE 的表现都超过了其他四种算法:CVAE 可以较好地将各种低质量的流量缺失光谱修复到真实的高质量光谱的水平;PCA 方法能够平滑流量缺失处的凹槽,但并不能修复缺失的流量;其他三种方法在流量缺失的位置会显示一个明显的凹槽,基本上没有显著的修复作用。尽管本书方法在流量缺失处修复出来的谱线可能并不是很准确,但是这种修复之后的光谱有助于后续的恒星光谱分类等处理,可以显著提高恒星低质量光谱的处理效率。

2.5　基于 CVAE 的拼接异常修复

LAMOST 项目包含 16 台光谱仪和 2 台 CCD 相机。2 台 CCD 相机分别拍摄记录光谱的红端和蓝端,红端的波长范围为 370～590 nm(3700～5900 Å),蓝端的波长范围为 570～900 nm(5700～9000 Å)。因此,要想得到整条的光谱数据,就必须对红端和蓝端的两部分光谱进行拼接。然而在实际的操作过程中,拼接效果受到很多因素的影响,如设备本身的精度、观测的条件以及数据处理的响应函数等。受到这些因素的影响,相当一部分拼接出来的光谱会出现红蓝两端拼接异常的情况(见图 2-26)。

拼接异常的区域一般会出现在 570~590 nm(5700~5900 Å)。在过去,拼接异常的光谱主要由相关研究人员通过可视化检查的方式进行处理,但是随着各种巡天项目的相继开展,人类能够获得的光谱数量急剧增长,人工处理的方法已经不能够满足如此大的数据量要求。因此为了改进拼接异常光谱的处理效率,亟须自动处理拼接异常光谱的方法。

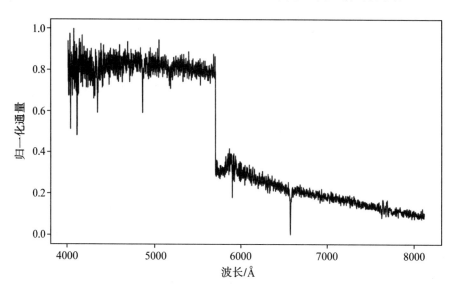

图 2-26 拼接异常光谱示意图

2.5.1 实验方案设计

本小节依然使用 CVAE 方法进行拼接异常光谱的修复。如表 2-4 所示,本实验的数据依然来自 LAMOST DR5,主要包含三组数据:D7,包含 15≥SNR≥10 的恒星拼接异常光谱以及同源的 SNR≥50 的恒星高质量光谱,它们的数量分别为 7000 条;D8,包含 10≥SNR≥5 的恒星拼接异常光谱以及同源的 SNR≥50 的恒星高质量光谱,它们的数量分别为 8000 条;D9,包含 5≥SNR≥2 的恒星拼接异常光谱以及同源的 SNR≥50 的恒星高质量光谱,它们的数量分别为 6000 条。同样,每组分别选择 6000 条、7000条和 5000 条高质量和拼接异常的光谱作为训练集,剩下的 1000 条高质量和拼接异常的光谱作为测试集,其中训练集又按照 80%和 20%的比例进行训练和验证。同样,为了方便算法的处理,这些光谱的波长范围统一为 400～809.5 nm(4000～8095 Å),共 4096 维。

为了证明方法的有效性,依然选择与 PCA、RBM、Wavelet 以及DnCNN 四种方法作对比。其中,拼接异常的光谱通过模拟的方式获得。模拟步骤如下:

(1)将 D1、D2 和 D3 中的每条恒星低质量光谱按照波长分成两部分,其中蓝端为 400～590 nm(4000～5900 Å),红端为 570～809.6 nm(5700～8096 Å)。

(2)在第(1)步的每条光谱中随机选择红端或者蓝端作为要处理的波段。

(3)将选择的波段随机加上[0,1]之间的随机数。

(4)将第(3)步生成的光谱利用公式(2-10)进行归一化,得到的光谱即为拼接异常光谱。

此外,将 D1、D2 和 D3 中每条恒星高质量光谱利用公式(2-10)归一化到[0,1]。按上述步骤得到的数据即为表 2-4 中的 D7、D8 和 D9 数据集。

表 2-4　D7、D8 与 D9 数据集的构成

数据集名称	光谱质量	光谱数量/条
D7	拼接异常光谱(15≥SNR≥10)	7000
	高质量光谱(SNR≥50)	7000

数据集名称	光谱质量	光谱数量/条
D8	拼接异常光谱（10≥SNR≥5）	8000
	高质量光谱（SNR≥50）	8000
D9	拼接异常光谱（5≥SNR≥2）	6000
	高质量光谱（SNR≥50）	6000

2.5.2　实验结果及分析

2.5.2.1　实验结果

本部分将模拟的拼接异常光谱与相对应的高质量光谱（SNR≥50）同时输入 CVAE 中进行训练，其中 epochs 的次数设置为 20000，batch size 的大小设置为 5。

用训练好的模型对 D7、D8 和 D9 中的测试集分别进行测试，结果如图 2-27 至图 2-29 所示，其中蓝色的线代表原始的高质量光谱，橘黄色的线代表修复之后的光谱，绿色的线代表原始的低质量的拼接异常光谱。实验结果显示，在三种不同的低质量情况下，CVAE 都可以有效地将拼接异常光谱成功修复。此外，如图 2-28 和图 2-29 所示，CVAE 不仅可以将拼接异常的地方完美地连接起来，而且可以将一些无用的天光线等消除掉，能够较完美地提高拼接异常光谱的质量。

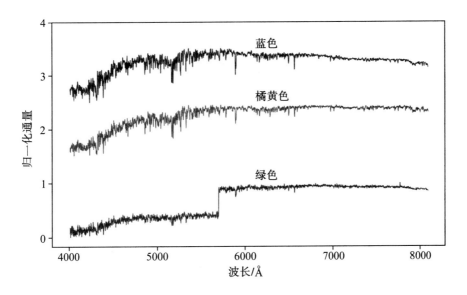

图 2-27　CVAE 对 D7 拼接异常光谱的修复结果

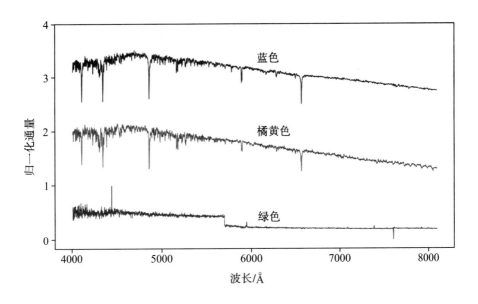

图 2-28　CVAE 对 D8 拼接异常光谱的修复结果

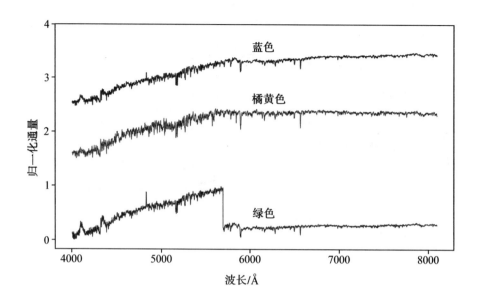

图 2-29　CVAE 对 D9 拼接异常光谱的修复结果

2.5.2.2　不同方法对比

在本小节中依然使用 PCA、RBM、Wavelet、DnCNN 和 CVAE 同时对测试集进行测试。利用数据集 D7、D8 和 D9 中的训练集对 DnCNN 进行训练,其中参数设置与 2.2 节相同;利用 PCA 和 RBM 对训练集进行特征提取;利用 Wavelet 对训练集进行光谱分解,选取二阶低频信号作为修复的光谱。

结果如图 2-30 至图 2-32 所示,其中绿色的线代表原始的拼接异常光谱,蓝色的线代表原始的高质量光谱,橘黄色的线代表 CVAE 修复之后的光谱,红色的线代表 PCA 修复之后的光谱,紫色的线代表 DnCNN 修复之后的光谱,棕色的线代表 RBM 修复之后的光谱,粉色的线代表 Wavelet 修复之后的光谱。

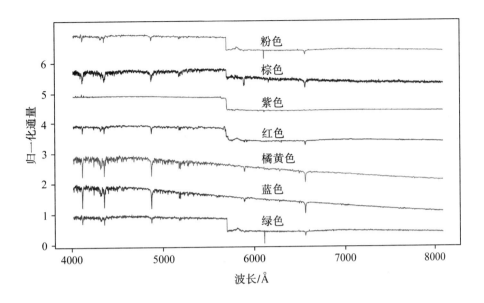

图 2-30　D7 中的拼接异常结果对比

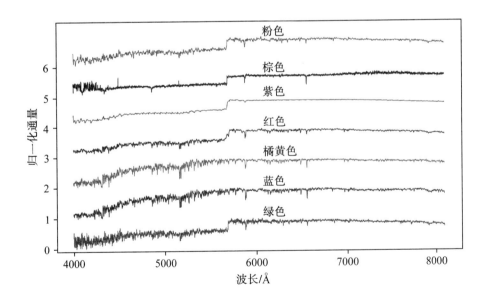

图 2-31　D8 中的拼接异常结果对比

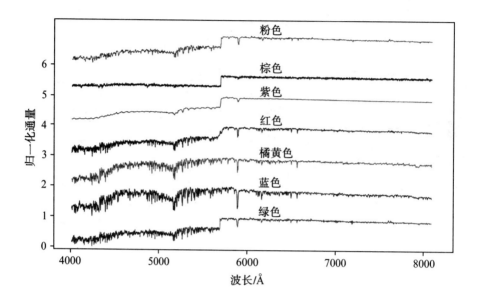

图 2-32　D9 中的拼接异常结果对比

可以看出,CAVE 方法明显比其他四种方法的拼接修复效果要好:CAVE 方法可以完美地将拼接异常的光谱修复出来;PCA 方法可以对拼接处的断谱进行平滑,但是拼接处依然不能修复;其他三种方法对于拼接异常光谱基本上没有什么效果。实验结果证明了本书方法对拼接异常光谱修复的有效性。

2.6　本章小结

本章利用深度学习算法对恒星低质量光谱进行处理。针对恒星低信噪比光谱,本章设计了一种基于生成对抗网络的深度学习算法 Spectra-GANs。该方法同时包含两个生成器和两个辨别器,将来自同一天体的高信噪比和低信噪比光谱作为网络的输入进行训练。利用第一个生成器将低低信噪比光谱转换成高信噪比光谱,同时为了防止模型坍塌及网络的过拟合,第二个生成器将第一个生成器生成的高信噪比光谱转化成低信噪比光谱。针对流量缺失光谱和拼接异常光谱,本章引入变分自编码(VAE)的变体条件变分自编码(CVAE)进行光谱的修复,它在生成模型中引入了条件信息,使其能够生成特定条件下的数据。CVAE 结合了变分自编码器的生成能力和条件生成的灵活性,因此在图像修复任务中表现出色。两种方法都与经典的天文光谱的处理方法 PCA 以及其他几种常用的数据处理方法进行了对比。从对比结果可以看出本书的方法对于常见的恒星光谱低质量情况(低信噪比、流量缺失和拼接异常)的处理效果都超过了其他常用的算法,这也证明了本书算法在处理恒星低质量光谱方面的有效性。

第3章 恒星低质量光谱的连续谱拟合

恒星光谱的连续谱是由黑体辐射导致的光辐射强度随波长(频率)连续光滑变化的光谱。每条观测到的光谱数据中都会包含连续谱、谱线和噪声。恒星的分类主要是依据光谱的谱线、连续谱的相对强度以及光谱的其他特征。恒星连续谱的分布以及谱线的轮廓是由恒星大气内的物理因素决定的,所以可以根据连续谱及谱线对恒星大气的物理参数进行估计。因而处理光谱的主要问题之一就是提取连续谱,并且通过归一化进行谱线的提取。传统的恒星连续谱提取算法主要有滤波方法与多项式拟合方法等。传统的连续谱拟合方法虽然比较多,但是对于恒星低质量光谱连续谱拟合的鲁棒性不是很好,因此有必要研究一种新的算法对恒星低质量光谱的连续谱进行提取。本章在仔细分析恒星连续谱拟合相关理论的基础上,提出了一种利用蒙特卡罗方法对低信噪比的恒星低质量光谱进行连续谱拟合的方法。

3.1 常用连续谱拟合方法

3.1.1 滤波器拟合方法

滤波指的是在保留信号主要特征的前提下对信号的噪声进行滤除的

操作,又可称为信号的平滑操作。因为信号或者光谱的特征主要存在于它们的低频波段当中,因此滤波的原理通常是将高频信号滤掉,保留低频信号。恒星光谱的连续谱拟合中常用的滤波方法包括中值滤波、形态学滤波以及小波滤波等。

3.1.1.1　中值滤波

中值滤波是一种利用排序统计原理进行噪声抑制的非线性信号平滑技术,它的原理是利用在一定邻域内的像素点中值来代替此邻域内的中间像素点的值[参见公式(3-1)与图3-1],从而排除异常点达到降噪的目的。因此,中值滤波的邻域大小一般为奇数。

$$y_i = \underset{v}{Median}(x_{i-v}, x_i, \cdots, x_{i+v}) \tag{3-1}$$

中值滤波的特性使得它对脉冲噪声具有良好的过滤效果,能够较好地对边界信号进行保护,防止边界信号的模糊,而且中值滤波算法使用起来比较简单,所以是一种比较常用的方法。在天文学中,中值滤波通常用于发射线或者脉冲噪声之类光谱的连续谱提取。然而,如果将其用于恒星等类型的光谱当中,拟合出来的连续谱与真实的连续谱之间会出现较大的偏差,不利于后续的连续谱归一化等操作。

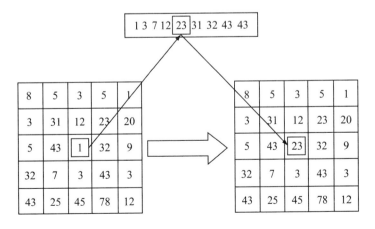

图 3-1　中值滤波示意图

3.1.1.2 形态学滤波

形态学是一门以拓扑学等相关数学知识为基础，分析目标形状和结构的学科。形态学的基本运算包含膨胀运算和腐蚀运算、开启运算和闭合运算、形态学梯度以及流域运算等。形态学滤波指的是利用数学形态学的基本运算进行滤波的方法，是一种具有代表性的非线性滤波器，能够通过并行运算对海量数据实现快速的滤波。形态学运算中的开启运算通常被用于连续谱的提取。开启运算是腐蚀运算和膨胀运算组合在一起的一种操作，先通过腐蚀运算腐蚀光谱的相关细节，从而达到消除一部分强谱线和不相关噪声的目的，然后通过膨胀运算对腐蚀过的光谱进行平滑，最后得到轮廓平滑的连续谱。腐蚀运算的原理示意图如图 3-2 所示，表示的是图形 A 被图形 B 腐蚀，计算原理如下：

$$A \ominus B = \{ e \subset E^N, e + f \subset A, \forall f \subset B \} \tag{3-2}$$

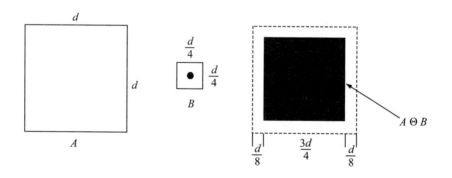

图 3-2　形态学滤波腐蚀运算

膨胀运算的原理示意图如图 3-3 所示，表示的是图形 A 被图形 B 膨胀，计算原理如下：

$$A \oplus B = \{ e \subset E^N, e = c + f, \forall c \subset A, \forall f \subset B \} \tag{3-3}$$

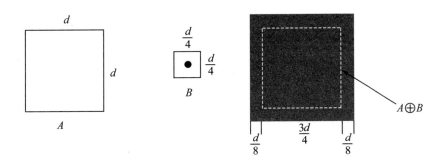

图 3-3　形态学滤波膨胀运算

形态学滤波器主要根据预定义的滤波窗,以信号的几何结构为基础,通过匹配或者修正的方式提取信号,对噪声进行抑制。但是形态学滤波器的形式多样,在实际应用中需要选择合适的结构进行连续谱的提取,因此不适合谱线变化繁杂的光谱的连续谱提取。

3.1.1.3　小波滤波

小波滤波,又称为小波去噪,具有很好的时频特性,是天文学中比较常用的一种连续谱拟合的方法。

小波滤波主要包括以下几个特点:

第一,多分辨率性。多分辨率性使得小波变换能够较好地描述光谱的非平稳特性,如异常的峰值和断谱等。

第二,小波基的多样性。小波基包含多种形式,比较常见的包括 Haar、Daubechies、Biorthogonal、Coiflets 以及 Symlets 等。可以根据不同类型的光谱特征选择不同的小波基进行运算,其中 Haar 小波基由于运用起来比较简单,并且效果良好,因此在天文光谱的分析中经常被使用。

第三,低熵性。经过小波变换后,光谱的熵会比变换前降低。

第四,白化性,也称为去相关性。经过小波变换后噪声呈现白化的趋势,对后续的处理更加有利。

通常认为噪声为高频信号。小波滤波通过多层分解,将低频信号与高频信号分离,从而得到连续谱。如图 3-4 所示,本书随机选取 SDSS 中的光谱进行小波分解,最上面的为原始的恒星光谱,左侧的 A1、A2、A3、A4、A5 为低频信号,右侧的 D1、D2、D3、D4、D5 为高频噪声。左侧的低频信号通常作为要提取的连续谱。然而,小波滤波拟合出的连续谱比较容易受到较强谱线的影响,有时候会导致拟合出的连续谱误差较大,因此并不适用于恒星低质量光谱。

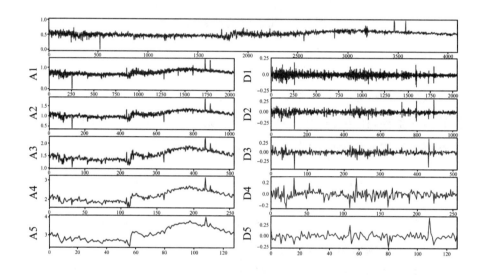

图 3-4　多层小波分解

3.1.2　多项式拟合方法

3.1.2.1　多项式逼近

多项式逼近就是简单的多项式拟合。简单多项式拟合指的是用多项式逼近一个函数,一般采用的是最小二乘法。它通过最小化误差的平方和寻找数据的最佳函数匹配,也就是最佳的多项式拟合系数。由于使用比较简单,所以简单多项式拟合是连续谱拟合中常用的一种方法。假设有一组数据$\{(x_i, y_i), i=1, 2, \cdots, n\}$,多项式拟合公式如下:

$$P(x) = a_1 + a_2 x + \cdots + a_n x^{n-1} \tag{3-4}$$

如公式(3-4)所示,多项式拟合的主要问题就是基向量的选择,基向量选择的好坏对最终拟合的连续谱有着决定性的影响。受基向量选择的影响,多项式逼近一般应用在高质量光谱的连续谱拟合中。

3.1.2.2　样条函数拟合

样条函数属于多项式拟合函数的一种,与普通多项式拟合不同的是,样条拟合函数是一种分段函数,每段连续谱拥有不同的拟合函数[如公式(3-5)],但是这些函数在分段的临界点处具有一定的光滑性,可以保证拟合出来的连续谱是一条光滑的曲线。

$$S_n(x) = \begin{cases} S_0(x), x \in [x_0, x_2] \\ S_2(x), x \in [x_2, x_4] \\ \quad \vdots \\ S_{n-4}(x), x \in [x_{n-4}, x_{n-2}] \\ S_{n-2}(x), x \in [x_{n-2}, x_n] \end{cases} \tag{3-5}$$

在斯隆数字巡天(SDSS)项目中,连续谱拟合程序使用的就是分段函数样条拟合的方法。该方法将光谱分为红蓝两端,对蓝端光谱使用高阶的九阶多项式进行拟合,对红端光谱使用四阶多项式进行拟合,然后通过多项式的高斯迭代进行异常点的删除,最后在红蓝两端拼接处再利用一次九阶多项式进行拟合,得到的曲线就是最终的连续谱。但是,样条拟合方法比较繁琐,需要较多的人工干预。

3.1.2.3　统计窗拟合

恒星光谱中可能存在较宽的谱线,如 M 型恒星光谱中就存在宽的吸收带或者发射带,因此为了有效避开这些宽谱线,韦鹏等提出了基于统计窗(Statistic Window,SW)的连续谱拟合方法。该方法将光谱划分为多个相同宽度的统计窗口,然后在选定的窗口中根据信噪比对不同的流量点进行筛选,最后利用筛选的流量点进行多项式拟合。

统计窗的大小需要根据实际情况进行多次实验确定。每个统计窗流量点的筛选规则如下:

$$U = 55 + \frac{h(s) - h(0)}{50}\Big[h(100) - h(0)\Big] \tag{3-6}$$

$$L = 45 + \frac{h(s) - h(0)}{50}\Big[h(100) - h(0)\Big] \tag{3-7}$$

函数 h 为 Heaviside 函数,公式为:

$$h_c(s) = \frac{1}{2}\Big[1 + \frac{2}{\pi}\arctan\Big(\frac{s}{c}\Big)\Big] \tag{3-8}$$

其中,数值 c 为超参数,需要通过实验确定。如图 3-5 所示,不同的 c 对应不同的 Heaviside 函数。

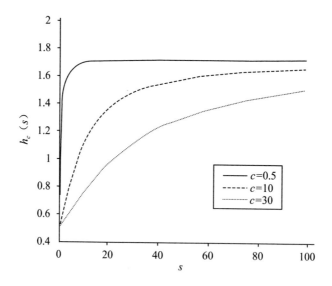

图 3-5 不同超参数 c 对应的 Heaviside 函数

3.1.3　其他常用拟合方法

3.1.3.1　主成分分析拟合

主成分分析(PCA)是天文数据处理中常用的方法之一,也可以用来进行恒星光谱的连续谱拟合,即通过方差贡献率较大的前几个主成分对恒星光谱进行重构,拟合出部分天体光谱的连续谱。然而,由于主成分中通常包含较强的谱线特征,因此它能拟合出的连续谱类型受限。

3.1.3.2　分类拟合

由于各种天体光谱连续谱的属性不尽相同,因此使用相同方法进行拟合的时候,会产生一定的偏差。为了解决这个问题,可以使用相关的技术,如使用 Lick 线指数对恒星光谱的类型进行区分,然后根据不同类型光谱的特点,选择不同的拟合方法进行分类拟合。这种方法可以提升恒星光谱连续谱拟合的精度,但是实际操作的步骤比较繁琐,不适合于海量恒星光谱的处理。此外,恒星低质量光谱的分类有时候不是很准确,会造成后续拟合方法的错误匹配。

除了上述几种方法之外,连续谱拟合方法中还包括一些利用物理学的知识进行拟合的方法,但这些方法超出本书范畴,就不在此一一论述了。

3.2　基于蒙特卡罗方法的连续谱拟合

3.2.1　蒙特卡罗方法

蒙特卡罗方法也被称作统计模拟方法,是古典概率中的一个重要方法,出现于 20 世纪 40 年代,是一种依赖大量模拟随机数解决问题的方法,通常用来解决模型复杂、计算困难的问题。

蒙特卡罗方法的实现过程主要有三步:首先建立一个与问题相关的统计模型,模型建立的准则是使所求问题的解正好是所建模型的数学期望或其他特征量;其次通过多次实验统计出求解问题的发生概率,利用第一步建立的统计模型,求出所需要的参数;最后对模拟结果进行分析总结,验证系统的某些特性。

例如它可以用来计算给定函数下的积分,假设给定一个函数 $g(x)$,需要计算其在$[a,b]$区间内的积分,即求 $f(x)=\int_a^b g(x)\mathrm{d}x$。如果函数 $g(x)$ 比较复杂,那么直接求积分比较困难,为了解决这个问题,就可以利用蒙特卡罗随机算法对积分近似求解。在求解之前,需要将 $g(x)$ 分解为概率密度函数 $p(x)$ 与另一个函数 $h(x)$ 相乘的形式:

$$\int_a^b g(x)\mathrm{d}x = \int_a^b h(x)p(x)\mathrm{d}x = E_{p(x)}\big[g(x)\big] \tag{3-9}$$

因此,原函数 $g(x)$ 的积分就可以转变为函数 $h(x)$ 在概率密度函数下的均值。然后,$p(x)$ 分布下具体的点可以通过蒙特卡罗随机数的形式进行采样。假设采到的点为$(x_1,x_2,x_3,\cdots,x_n)$,概率分布 $p(x)$ 可以近似为:

$$\frac{x_i}{\sum_{i=1}^n x_i} \approx p(x_i) \tag{3-10}$$

接着,可以通过 $p(x)$ 近似求解积分值:

$$\int_a^b g(x)\mathrm{d}x = E_{p(x)}\big[g(x)\big] = \frac{1}{n}\sum_{i=1}^n h(x_i) \tag{3-11}$$

本书利用蒙特卡罗方法对恒星光谱筛选过程中不在范围内的点进行自动插值,让每一个波长都对应一个流量点,然后对这些流量点进行低阶多项式迭代拟合,从而得到恒星低质量光谱的连续谱。

3.2.2　实验方案设计

从理论上讲,在恒星光谱的连续谱自动拟合过程中,只要选择适当的流量点就可以对原始光谱的连续谱进行有效的拟合。然而,由于恒星光谱中的流量点并不一定都能符合筛选的标准,因此只能通过一些准则(如前文提到的统计窗拟合的方法)选取其中那些符合条件的流量点进行拟合(见图 3-6)。而且在恒星低质量光谱中,可以筛选出来的符合条件的流量点更是少之又少,如果使用这些流量点直接进行连续谱的拟合,得到的连续谱精确度会很差。

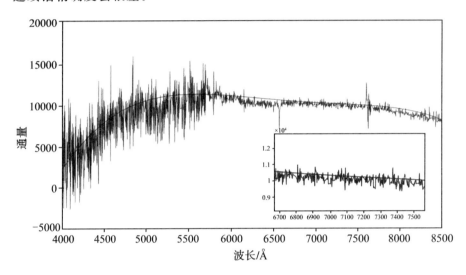

图 3-6　连续谱拟合流量点筛选图

为了解决这一问题,本书提出了利用蒙特卡罗随机算法对筛选掉的流量点进行模拟的方法。该方法首先利用统计窗规则对符合条件的流量点进行筛选,其次利用蒙特卡罗方法对统计窗筛选掉的流量点进行模拟,再次利用多项式拟合中简单的最小二乘法对连续谱进行多次迭代拟合,最后向原始光谱中加入不同的信噪比模拟恒星低质量光谱来验证算法的稳定性。方法的具体流程如图 3-7 所示,其中蒙特卡罗模拟的步骤如下:

(1)根据统计窗方法确定每个统计窗区间的上下限(L, U),其中上下限的计算方法如公式(3-6)和公式(3-7)所示,本书通过多次实验将 Heaviside 函数中 c 的值选择为 5。

(2)对原始光谱中的流量点,以统计窗为区间,利用第(1)步中确定的上下限进行逐个筛选。

（3）对未选取到的流量点调用蒙特卡罗随机数发生器，利用模拟的均匀分布，在区间内产生维数与统计窗大小相同的随机数组，区间的间距为 $D = U - L$，模拟的具体方法为：

$$F = L + (U - L)Rand(1,1) \tag{3-12}$$

（4）筛选第（3）步得到的符合条件的随机数组。

（5）选取第（2）步筛选掉的流量点，并从第（4）步得到的随机数组中求取它们的平均值。

（6）将所得的值作为被筛选掉的光谱流量点的值。

（7）在每一个窗口中重复第（3）步到第（6）步。

对上述步骤获取的流量点进行低阶多项式（本实验选取多项式的阶数为 5）拟合得到连续谱，然后对连续谱进行多次迭代的归一化，实现归一化拟合的优化。设波长为 W，对应的流量为 F，波长的集合为 W_s，对应的流量集合为 F_s，其中归一化的步骤如下：

（1）对波长 W_s 和流量 F_s 进行五阶多项式拟合，利用最小二乘法得到连续谱 F_c，然后对连续谱进行归一化 $F_n = F_s/F_c$。

（2）对归一化的光谱进行异常点的剔除，去掉 $[m - 3s, m + 3s]$ 范围外的点，其中 m 与 s 分别为 F_c 的均值和标准差。

（3）重复以上两步，直到没有可去除的点为止。

利用不同信噪比在原始光谱里面加入高斯白噪声模拟出恒星低质量光谱，利用本书方法对低质量光谱的连续谱进行拟合，低质量光谱的模拟步骤如下：

（1）对原始光谱的流量点进行插值，将它们统一到 400～880 nm（4000～8800 Å），维度为 4801。

（2）产生均值为 0、标准差为 1 的正态分布随机数，随机数的维度与第（1）步插值之后光谱的维数相同。

（3）对第（2）步的随机数进行标准化。

$$y = y - \text{mean}(y)$$
$$y = \frac{y}{\text{sqrt}(y^* y')} \tag{3-13}$$

(4)与第(3)步的随机数进行结合,利用公式(3-14)产生具有一定信噪比的噪声。

$$y = \frac{y}{10^{\frac{w}{20}}} \tag{3-14}$$

(5)利用公式(3-15)产生服从 $N(f, y)$ 的低信噪比光谱。

$$y = f + y \tag{3-15}$$

(6)利用不同信噪比(本书中选取信噪比的范围为 $1 \sim 15$)对第(1)步到第(5)步进行循环操作。

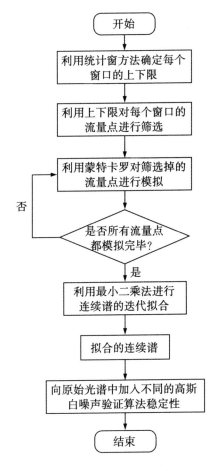

图 3-7　原理流程图

3.2.3 实验结果及分析

如图 3-8 和图 3-9 所示,本书从 SDSS DR14 的恒星光谱中随机抽选出了各种类型的光谱(M 型恒星光谱除外,因为 M 型恒星光谱具有大量的分子吸收带)共 1426 条进行了连续谱的拟合。上面图的实线代表的是原始的恒星光谱,下面图的实线代表连续谱拟合之后的归一化光谱。从图中可以看出,连续谱归一化之后的光谱流量大部分都集中在 1.0 附近,这说明本书方法对正常光谱的连续谱能够进行较好的拟合,连续谱消除之后的光谱归一化程度比较高。

如图 3-10 所示,选取图 3-8 中 A 型恒星所对应的光谱,向其中依次加入信噪比为 1、2、3、4 和 5 的高斯白噪声,对恒星低质量光谱进行模拟。图 3-10 中每个子图中的上半部分代表不同信噪比的恒星光谱,下半部分代表拟合的连续谱。其中,黑色代表未加噪声之前的原始恒星光谱,蓝色代表信噪比为 1 的恒星光谱,绿色代表信噪比为 2 的恒星光谱,红色代表信噪比为 3 的恒星光谱,蓝绿色代表信噪比为 4 的恒星光谱,紫红色代表信噪比为 5 的恒星光谱。从图 3-10 中可以看出,本书方法在各种极低信噪比情况下依然能够准确且稳定地拟合出恒星光谱的连续谱。

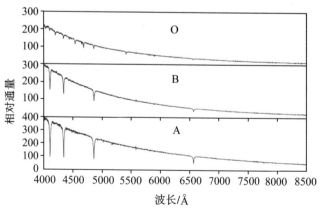

图 3-8 O、B、A 型恒星光谱的拟合结果(一)

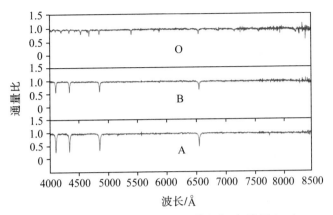

图 3-8　O、B、A 型恒星光谱的拟合结果(二)

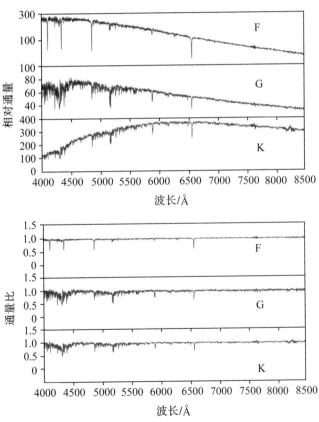

图 3-9　F、G、K 型恒星光谱的拟合结果

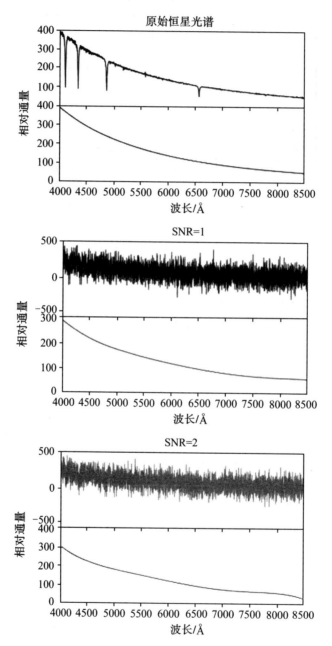

图 3-10 不同信噪比的 A 型恒星低质量光谱的连续谱拟合（一）

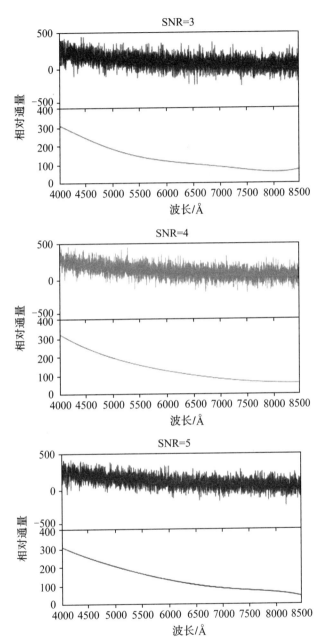

图 3-10　不同信噪比的 A 型恒星低质量光谱的连续谱拟合（二）

如图 3-11 和图 3-12 所示,分别选取了图 3-8 和图 3-9 中对应的各种类型的恒星光谱,利用本书方法向各类原始光谱中依次加入信噪比(SNR)为 1~15 的高斯白噪声模拟恒星低质量光谱。从图中可以看出,本书的连续谱拟合方法对于 O、B、A 型中所有信噪比较低的恒星低质量光谱的连续谱拟合都具有很好的稳定性;虽然对于 F、G、K 型中的恒星光谱而言,由于谱线比较复杂,在 SNR 为 1~5 的时候连续谱的拟合有一定的波动,但是当 SNR>5 之后,本书方法拟合出来的连续谱同样具有很好的稳定性。

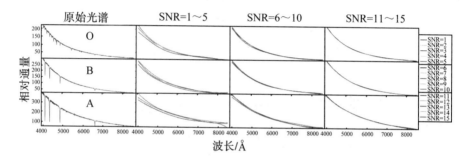

图 3-11　O、B、A 型恒星的不同信噪比的连续谱拟合

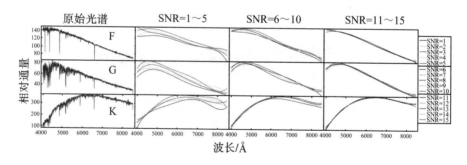

图 3-12　F、G、K 型恒星的不同信噪比的连续谱拟合

3.3　本章小结

　　为了提高恒星低质量光谱的连续谱拟合精度和稳定性,本书在国内外研究成果的基础上提出了基于蒙特卡罗方法的恒星低质量光谱连续谱拟合方法。该方法首先利用统计窗拟合的原则对符合条件的流量点进行筛选,然后利用蒙特卡罗方法对筛选缺失的流量点进行了模拟,最后通过多项式迭代拟合的方法对连续谱进行了拟合。我们利用该方法对低信噪比的恒星低质量光谱进行了连续谱拟合,结果表明本书提出的方法在恒星低质量光谱拟合方面具有很好的精确度和稳定性,对于处理大规模恒星低质量光谱有着独特的优越性。同时,蒙特卡罗方法使用起来比较简单,在实际应用中不用深入考虑其他参数的影响,因此,本书方法具有较高的实用价值。

第4章　恒星低质量光谱中
稀有恒星的搜寻

　　稀有恒星指的是金属丰度异常的恒星,其包含的信息对于研究宇宙的起源、银河系的演变以及生命的演化都有着重要的意义。因此,稀有恒星的搜寻是国内外各类巡天项目的重要目标。恒星的识别、分类以及稀有恒星的发现主要依据的就是恒星光谱数据。恒星光谱中包含着恒星的化学成分、物理性质以及运动状态等丰富的信息,是开展恒星研究的重要依据。

4.1　研究背景

　　随着 LAMOST 和 SDSS 等国内外大规模数字巡天项目的深入展开,恒星光谱的数据量达到了前所未有的量级,如此大的数据量为稀有恒星的发现提供了强有力的支撑。因此,如何利用这些数据快速准确地发现稀有、特殊甚至未知类型的恒星光谱是天文学研究的重要问题。目前,越来越多的数据挖掘方法被应用到巡天数据处理及分析之中,国内外也已经开展了大量相关的研究工作,如利用神经网络、支持向量机等算法进行恒星的分类及稀有恒星的查找。然而,随着巡天项目深度拓展,观测到的恒星光谱中存在着相当一部分低质量光谱数据。恒星低质量光谱中存在着大量的无用信息,直接利用之前的相关算法对其进行分析处理得到的结果往往存在很大的偏差。因此,如何从大量的恒星低质量光谱中有效地搜寻出稀有的恒星光谱,是当前天文研究中的一个重点和难点。

为了解决此问题,本章在仔细研究光谱数据处理方法的基础上,针对低信噪比的恒星低质量光谱中稀有恒星光谱的搜寻,提出了一种主成分分析和基于密度峰值聚类(Clustering by Fast Search and Find of Density Peaks,CFSFDP)相结合(PCA+CFSFDP)的方法。与传统的 PCA 方法不同的是,该方法利用 PCA 对高信噪比的恒星高质量光谱进行主成分分析,以得到的主成分为基础构建通用特征光谱库。利用通用特征光谱库中的特征光谱对各种低信噪比的恒星低质量光谱进行处理,然后对处理之后的光谱利用 CFSFDP 快速聚类算法进行聚类,聚类分析中得到的离群数据即为所要搜寻的稀有恒星光谱。实验表明,本书提出的方法能够在低信噪比的恒星低质量光谱数据中有效地发现其中数量较少的稀有恒星光谱。

4.2　基于 PCA 的通用特征光谱库构建

PCA 是天文光谱数据处理中被广泛使用的一种方法,可以有效地对天文光谱进行降维、降噪等处理[PCA 方法原理参见惠特尼(Whitney)的相关研究]。

4.2.1　构建原理

传统的 PCA 方法进行特征光谱抽取时,仅仅在某一固定的光谱数据集中进行,因此提取的特征光谱仅能够对此数据集中的光谱进行处理。为了突破传统 PCA 方法的限制,本书提出的处理方法以挑选的各种高质量的光谱数据为基础进行通用特征光谱库的构建,该特征光谱库能够最

大限度地保留各种有效的光谱信息。因此,构建的通用特征光谱库能够对几乎所有类型的低质量光谱进行有效处理。具体步骤如下:

假设 $Z=(Z_1,Z_2,\cdots,Z_n)$ 为选定的高质量光谱数据,其 $Z_i^T=(Z_{i1},Z_{i2},\cdots,Z_{im})$。

计算下列矩阵:

$$\boldsymbol{Z}_S=\boldsymbol{BZD}^{-1} \tag{4-1}$$

其中,$\boldsymbol{B}=\boldsymbol{I}-\dfrac{1}{n}\boldsymbol{D}_0$ 是定心矩阵,$\boldsymbol{I}$ 代表单位矩阵,并且 $\boldsymbol{D}_0$ 代表所有元素都为 1 的矩阵。

假设 $\boldsymbol{D}$ 为一个对角矩阵,具体形式为:

$$\boldsymbol{D}=\mathrm{diag}\{\|\,\overline{\boldsymbol{GZ}_{(1)}}\,\|,\|\,\overline{\boldsymbol{GZ}_{(d)}}\,\|\} \tag{4-2}$$

也就是 $\boldsymbol{D}$ 的对角元素是 $\|\,\overline{\boldsymbol{GZ}_{(i)}}\,\|$($i=1,2,\cdots,d$),其中:

$$\overline{\boldsymbol{Z}_{(i)}}=\begin{Bmatrix} Z_{1i} \\ Z_{2i} \\ \vdots \\ Z_{ni} \end{Bmatrix} \tag{4-3}$$

并且 $\overline{\boldsymbol{G}}=(1,\cdots,1)$。利用 $\boldsymbol{Z}$ 代替 $\boldsymbol{Z}_S$ 重新计算 $\boldsymbol{Z}^{\mathrm{T}}\boldsymbol{Z}$,其中 $\boldsymbol{Z}^{\mathrm{T}}$ 为 $\boldsymbol{Z}$ 的转置矩阵。设 $\boldsymbol{E}_{(m*m)}$ 为协方差矩阵 $\boldsymbol{Z}^{\mathrm{T}}\boldsymbol{Z}$ 的特征矩阵。主成分矩阵 $\boldsymbol{P}$ 为 $\boldsymbol{P}=\boldsymbol{ZE}$。

根据 $\boldsymbol{P}=\boldsymbol{ZE}$,能计算出 $\boldsymbol{Z}=\boldsymbol{PE}^{-1}$。假设矩阵 $\boldsymbol{E}^{-1}$ 中的后 $(m-k)$ 行都为零,得到新的矩阵 $\boldsymbol{E}^*$。通过 $\boldsymbol{Z}^*=\boldsymbol{PE}^*$ 计算可知,$\boldsymbol{Z}^*$ 就是要求的重构数据。

$$\boldsymbol{Z}_i^*=\sum_{j=1}^{k}\boldsymbol{p}_{ij}\boldsymbol{E}_j^* \tag{4-4}$$

选取矩阵 $\boldsymbol{p}$ 中的前 k 个向量构建通用特征光谱库,其中 k 的选择需要根据具体情况确定。本书通过主成分的累计方差贡献率(Cumulative Variance Contribution Rate,CVCR)大于 99.99% 来确定 k。利用构建的通用特征光谱库,相应的恒星低质量光谱数据能够得到有效处理。

4.2.2　实验方案设计

本实验所使用的数据来自 SDSS DR14,包含两组数据集。第一组由 SDSS 光谱分类模板组成,一共包含 36 条模板光谱。如表 4-1 所示,每条模板光谱的对数波长范围为 3.5781～3.9672,波长的间隔为 0.0001。第二组数据集由选自 SDSS DR14 的实测恒星光谱组成,光谱的信息如表 4-2 所示。表 4-1 和表 4-2 中的数据分别用于抽取模板光谱和实测光谱的通用特征光谱,并以此为基础构建通用的特征光谱库。

表 4-1　用于模板特征光谱库构建的 SDSS 光谱分类模板库中的信息

光谱类型	子类	数量/条
Main sequence	O, B, A, F, G, K, M	31
WD	WD	1
WD magnetic	WD magnetic	1
Carbon	Carbon	1
Carbon_lines	Carbon_lines	1
Carbon WD	Carbon WD	1

表 4-2　用于实测特征光谱库构建的 SDSS 实测光谱的信息

子类	数量/条	比例/%
O (SNR≥30)	215	10.02
B (SNR≥40)	231	10.77
A (SNR≥95)	205	9.56
F (SNR≥105)	291	13.57
G (SNR≥95)	267	12.45
K (SNR≥105)	154	7.18
M (SNR≥60)	223	10.40
Carbon (SNR≥30)	157	7.32

子类	数量/条	比例/%
CV (SNR≥45)	144	6.71
WD (SNR≥45)	176	8.21
WD magnetic (SNR≥20)	34	1.59
L (SNR≥20)	48	2.24

利用 PCA 方法,我们从上述两组数据中分别抽取通用的特征光谱,构建通用特征光谱库,然后利用特征光谱库对低信噪比的恒星低质量光谱进行处理,具体步骤如下:

(1)选择所有用于特征光谱库构建的光谱。

(2)波长范围统一为 $380\sim900$ nm($3800\sim9000$ Å),波长间隔为 0.1 nm(1 Å),每条光谱的维度统一为 5201。

(3)利用 PCA 对第(2)步统一化之后的光谱进行主成分分析,抽取特征光谱,然后选择 $CVCR$ 大于等于 99.99% 的前 k 个主成分构建通用特征光谱库,其中 $CVCR$ 的定义为:

$$CVCR = \frac{\sum_{i=1}^{k}\lambda_i}{\sum_{j=1}^{n}\lambda_j} \tag{4-5}$$

其中,$\sum_{i=1}^{k}\lambda_i$ 表示的是前 k 个特征向量之和,$\sum_{j=1}^{n}\lambda_j$ 表示的是所有的特征向量之和。

(4)利用第(3)步得到的通用特征光谱,也就是前 k 个特征光谱对低信噪比的恒星低质量光谱进行处理。

4.2.3　模板光谱的通用特征光谱库构建

如表 4-1 中所示,SDSS 光谱分类模板库中一共包含 36 条模板光谱。利用 PCA 对这些光谱进行主成分分析,通过计算选择 $CVCR$ 大于等于 99.99% 的前 18 条特征光谱作为通用的特征光谱(见图 4-1)。

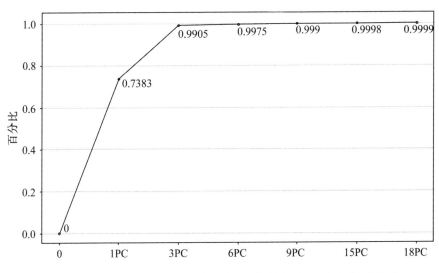

图 4-1　SDSS 分类模板光谱的前 18 条特征光谱的方差贡献率

　　具体的特征光谱形状如图 4-2 所示,由于篇幅限制这里只显示了前 6 条特征光谱。在分类模板光谱库中的所有光谱都可以通过上述 18 条通用特征光谱进行处理。

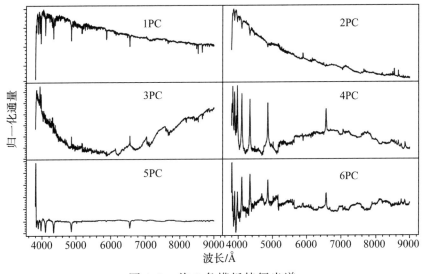

图 4-2　前 6 条模板特征光谱

　　为了证明模板特征光谱库中特征光谱的通用性和提取的信息有效性,本部分选择光谱分类模板库中的 A0 和 F5 两条光谱进行重构展示。如图 4-3 所示,左图为 A0 光谱,右图为 F5 光谱。为了显示重构效果,分别使用前 1、3、9 和 18 条模板特征光谱对两条模板光谱进行重构,其中,蓝色、绿色、蓝绿色和红色实线分别为前 1、3、9 和 18 条特征光谱的重构效果,黑色为原始模板光谱,灰色为原始光谱与前 18 条特征向量重构光谱的差值(为了更清楚显示,每条线在纵轴方向上向上移动了 0.05)。重构结果显示利用前 18 条特征光谱重构的光谱基本上完美地修复了原始光谱的所有特征,两条光谱的残差基本为 0,这也证明了模板特征光谱库的通用性与有效性。

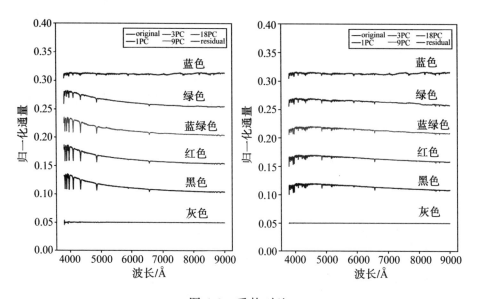

图 4-3　重构对比

　　为了进一步验证得到的通用特征光谱库在恒星低质量光谱处理中的有效性,本实验向图 4-3 中的两条模板光谱分别添加高斯白噪声得到信噪比为 1、3、5、7、9 和 11 的低信噪比光谱,然后通过上面得到的通用特征光谱进行重构,效果如图 4-4 与图 4-5 所示。其中,彩色图中的红线为原始的模板光谱,灰色背景为加噪声之后的低信噪比光谱,蓝线为重构后的光谱。可以看出,通用特征光谱库可以非常有效地对不同低信噪比的恒星低质量光谱进行重构,从而进一步证明了模板特征光谱库在恒星低质量光谱处理中的通用性与有效性。

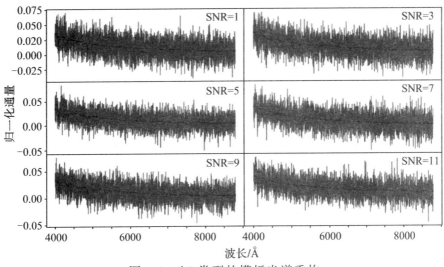

图 4-4　A0 类型的模板光谱重构

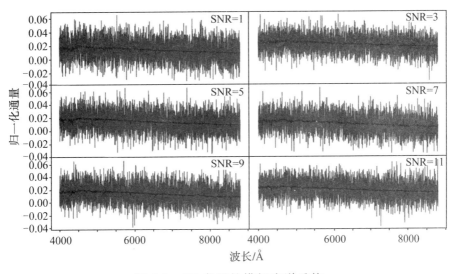

图 4-5　F5 类型的模板光谱重构

4.2.4 实测光谱的通用特征光谱库构建

如表 4-2 所示,我们从 SDSS 中按照信噪比范围随机选取各种类型的信噪比最高的光谱 2144 条,将其作为构建特征光谱库的恒星高质量光谱。图 4-6 显示了这 2144 条光谱的信噪比分布。

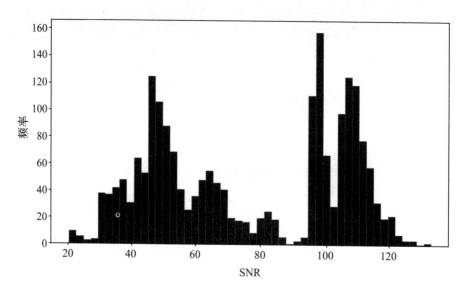

图 4-6　2144 条实测高信噪比光谱的信噪比分布

经过 PCA 处理之后,前 221 条累计方差贡献率大于 99.99%(见图 4-7)的特征光谱被用于构建通用特征光谱库。由于篇幅限制,这里只展示前 6 条特征光谱(见图 4-8)。

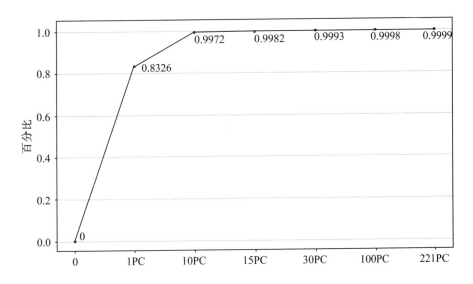

图 4-7 实测特征光谱累计方差贡献率

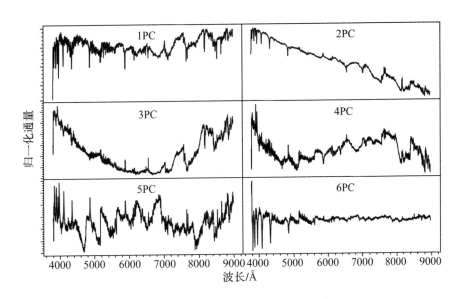

图 4-8 前 6 条实测通用特征光谱

为了验证实测特征光谱库的有效性与通用性,我们将其应用于两组
SDSS DR14 实测光谱的重构。

第一组数据包含 6 条不同的恒星低质量光谱,如表 4-3 所示,它们的
信噪比分别为 1.80、3.71、5.53、7.60、9.59 和 11.69。利用上述 221 条通用
特征光谱对它们进行重构,然后将重构之后的光谱与相应的模板光谱对
比,从而验证重构效果。

表 4-3　6 条 SDSS 中的低信噪比光谱

Plate	MJD	FiberID	类型	子类型	R.A.(J2000)	Decl.(J2000)	信噪比
1343	52790	13	STAR	K7	16:56:23.2	30:26:20	1.80
1072	52643	268	STAR	K7	02:19:51.7	−00:18:35	3.71
1509	52942	632	STAR	K7	02:35:42.6	00:27:54	5.53
1663	52793	491	STAR	K7	23:23:37.7	53:06:10	7.60
1123	52882	305	STAR	K7	00:30:17.1	−00:25:31	9.59
1130	52669	484	STAR	K7	00:52:16.4	00:14:29	11.69

由于 SDSS 数据库中的恒星低质量光谱的类型分类不是很准确,因此
我们通过模板匹配的方法选择相对应的模板光谱。模板匹配的计算公
式为:

$$SSE = \sum_{i=1}^{N} (F_{Ri} - F_{Ti}) \tag{4-6}$$

其中,SSE(Sum of Squared Errors)表示的是误差平方之和,F_R 表示的是
重构之后的光谱流量,F_T 表示的是模板光谱的流量,N 代表流量点的个
数。SSE 最小的那条模板光谱被选择作为匹配光谱,将其与重构之后得
到的光谱进行比较,结果如图 4-9 所示。其中彩色图中的黄色为原始的
低信噪比光谱,红色为对应的模板光谱,蓝绿色为重构之后的光谱,灰
色为重构光谱与原始低信噪比光谱相减得到的残差。可以看出,利用
实测特征光谱库重构之后得到的光谱能够较好地与相应的模板光谱匹
配,并且原始光谱与重构光谱的差别基本上都是无用噪声,几乎不包含

有用的谱线信息。

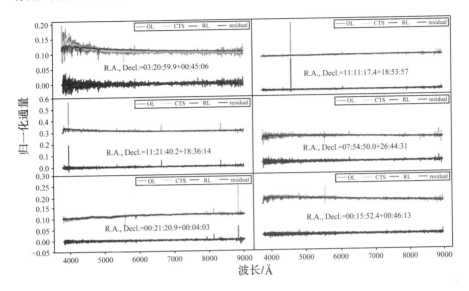

图 4-9　重构光谱与模板光谱比较

　　第二组数据包含 SDSS 中的 6 对光谱,如表 4-4 所示,每一对都包含同源的高信噪比光谱和低信噪比光谱,其中,同源指的是两条光谱对应的天体是同一个,即同一赤经(R.A.)和赤纬(Decl.)。SDSS 会对巡天天区中的很多目标进行多次观测,由于每次观测的条件都不相同,其数据库中存在很多来自同一天体的不同信噪比的光谱数据,因此这些同源的光谱数据可被用来进行重构效果的验证。

　　6 对光谱数据的重构对比效果如图 4-10 所示。其中彩色图中的黄色为原始的低信噪比光谱,红色为对应的模板光谱,蓝绿色为重构之后的光谱,灰色为重构光谱与原始低信噪比光谱相减得到的残差。可以看出来,本书的方法能够有效地将低信噪比的噪声分离出来,保留与同源高信噪比光谱相近的有用信号。

表 4-4　SDSS 中的 6 对同源光谱

R.A.(J2000)	Decl.(J2000)	Plate	MJD	FiberID	类型	子类型	信噪比
03:20:59.9	00:45:06	1180	52995	549	STAR	A0p	1.99
		413	51821	545	STAR	A0	29.34
11:11:17.4	18:53:57	2872	54468	312	STAR	K7	2.49
		2872	54533	314	STAR	K7	21.38
11:21:40.2	18:36:14	2872	54468	15	STAR	B6	3.19
		2495	54533	4	STAR	B6	27.58
07:54:50.0	26:44:31	3227	54864	57	STAR	G0	4.96
		3227	54893	58	STAR	F2	21.27
00:21:20.9	00:04:03	1119	52562	497	STAR	K7	5.92
		1119	52581	486	STAR	K7	20.38
00:15:52.4	00:46:13	1119	52562	333	STAR	F5	6.47
		1542	53734	333	STAR	F5	28.67

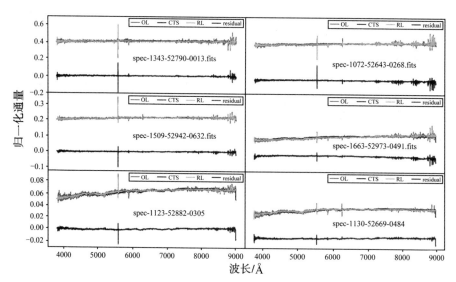

图 4-10　6 对同源光谱的重构效果对比

从上述两组实验可以看出,无论对恒星分类模板光谱还是 SDSS 实测光谱,本书方法构建的通用特征光谱库都能够较好地对各种类型的 SDSS 光谱进行重构。这证明了通用特征光谱库中的光谱能够最大限度地保留各种类型光谱的有效信息,因此它们在恒星低质量光谱的处理中具有很好的通用性及有效性。

4.3　基于密度峰值的稀有恒星搜寻

4.3.1　聚类算法在天文中的应用

聚类算法是一种无监督的分类算法,可以在无数据先验信息的情况下对数据进行较好分类,并且能够划分出噪声和离群点。目前,聚类算法在多个应用领域取得了良好的效果,如股票数据的异常检测、图像的异常检测、图像的分割和信息的检索等。聚类算法作为一种极具实用价值的数据挖掘方法,在天文数据处理领域也有广泛的应用。王光沛等利用 K-means 算法和 Lick 线指数对 LAMOST DR2 中的光谱进行了聚类分析,发现了发射线恒星、晚 M 型恒星、极贫金属星以及流量缺失的光谱数据等稀有恒星光谱。阿拔斯(Abbas)等利用高斯混合模型(Gaussian Mixture Model,GMM)代替传统的矩形切割方法从 SDSS 中选取了 8115 个 RR Lyrae 星的候选体,并且通过与传统的矩形切割方法比较发现 GMM 算法在效率和完备性上都有了较大的提升。海尔达斯坦 (Kheirdastan)等利用 PNN(Probabilistic Neural Network)、支持向量机 SVM 以及 K-means 算法对 SDSS 中 SEGUE-1 和 SEGUE-2 的光谱数据进行聚类,通过实验证明了 PNN 算法的聚类效果优于 SVM 和 K-means。金(Kim)等利用基于机器学习算法包对周期变星进行聚类,通过各种数据集对算法的聚类效果进行了验证,证明了该学习算法包有较好的聚类效果和通用性。除此之外,很多学者也利用聚类算法对恒星光谱的异常值进行了搜寻。然而,作为一种无监督的算法,聚类算法的聚类中心以及类别数目通常需要人为指定,其中聚类中心更是需要反复迭代进行确定,因此,常用的聚类算法在海量光谱的处理中需要耗费大量的时间。

4.3.2　基于密度峰值的聚类算法

如上所述,传统的聚类算法,如 K-means,需要提前设定聚类中心和类别的个数 k,并且需要反复迭代进行最终的确认,因此这个过程具有较高的时间复杂度和空间复杂度。为了解决这个问题,罗德里格斯(Rodriguez)等在 2014 年提出了基于密度峰值的聚类算法 CFSFDP,该算法只需要通过一次计算就可以自动确定聚类的个数以及聚类中心,而且可以通过决策图快速对离群点进行确定(决策图的左上角被认为是离群点),因此具有很高的效率。该方法认为聚类中心应该具有以下两个特点:

(1)本身密度大,即它邻居的密度要小于该点。

(2)与其他密度更大的点的距离相对更远。

假设有一个样本集 S,对于样本集中任何一个点 x_i,可以为其定义两个变量 ρ_i 及 δ_i。其中,ρ_i 代表局部密度,公式为:

$$\rho_i = \sum_{j \in I_s \setminus \{i\}} X(d_{ij} - d_c) \tag{4-7}$$

$$X(x) = \begin{cases} 1, x < 0 \\ 0, x \geqslant 0 \end{cases} \tag{4-8}$$

其中,d_c 为截断距离。可以看出,ρ_i 表示的是 S 中与 x_i 距离小于 d_c 的数据点的个数。

设 $\{q_i\}_{i=1}^n$ 表示 $\{p_i\}_{i=1}^n$ 的一个降序排列下标序,即它满足:

$$p_{q1} \geqslant p_{q2} \geqslant \cdots \cdots \geqslant p_{qN}$$

则可以定义距离 δ_i:

$$\delta_i = \begin{cases} \min_{\substack{q_j \\ j<i}} \{d_{q_iq_j}\}, i \geqslant 2 \\ \max_{j \geqslant 2} \{\sigma_{q_j}\}, i = 1 \end{cases} \tag{4-9}$$

数据集中两个点之间的距离为 d，本书使用余弦距离进行计算，公式为：

$$d_{x_i x_j} = \cos\theta = \frac{x_i \times x_j}{\sqrt{\sum_{i=1}^{n}(x_i)^2} \times \sqrt{\sum_{j=1}^{n}(x_j)^2}} \quad (i,j=1,2,\cdots,n) \quad (4\text{-}10)$$

其中，x_i 和 x_j 分别代表两条不同的恒星光谱。

这样，对于 S 中的每一个数据点 x_i，可为其计算 (ρ_i, δ_i)。如图 4-11 所示，上面图共包含 28 个二维数据点，下面图表示的是利用这 28 个数据点的 (ρ_i, δ_i) 表示的二维图（即决策图）。可以发现，1 号点和 10 号点都具有较大的 ρ 值和 δ 值，这两个点即为所要寻找的聚类中心。而 26 号点、27 号点和 28 号点的 ρ 值很小同时 δ 值很大，也就是聚集在决策图的左上角，所以这 3 个点被认为是离群点。

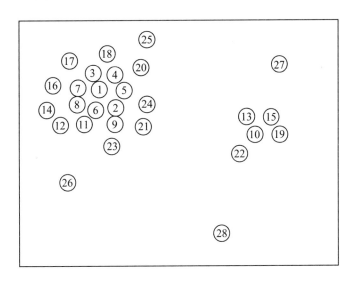

图 4-11　基于密度峰值的聚类决策图（一）

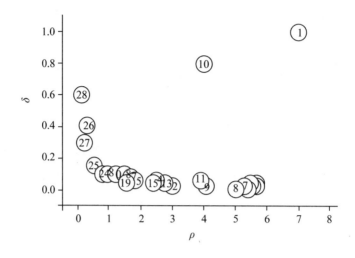

图 4-11　基于密度峰值的聚类决策图(二)

4.3.3　恒星低质量模板光谱中稀有恒星的搜寻

本小节随机从 SDSS 分类模板光谱中选择 O、B、A、F、G、K 和 M 类型的光谱作为常见光谱数据(这 7 种为本章所指的常见光谱,另有说明除外),然后向每条光谱添加高斯白噪声,模拟信噪比为 1、2、3 和 4 的各 1000 条低信噪比的恒星低质量光谱;随机从 SDSS 分类模板光谱中选择 carbon、carbon WD、carbon_lines、WD 和 WD magnetic 类型的恒星光谱作为稀有恒星的光谱,同样地向每条光谱中添加高斯白噪声,模拟信噪比为 1、2、3 和 4 的各 5 条低信噪比的恒星低质量光谱。

利用 4.2.3 节中得到的通用模板特征光谱库对上述光谱进行处理,接着利用基于密度峰值的聚类 CFSFDP 对稀有恒星光谱进行搜寻。由公式 (4-9)可知,CFSFDP 算法需要根据不同的截断距离 δ 进行聚类,但是截断距离 δ 依数据的不同而不同,因此截断距离需要通过实验进行确定。如图 4-12 所示,在信噪比为 1 的数据中选择不同的截断距离查看不同的聚类效果,结果显示当 δ 为 0.5 时聚类的效果最好,因此在低信噪比的恒星低质量模板光谱的聚类中选择 0.5 为截断距离,聚类结果如图 4-13 所示。

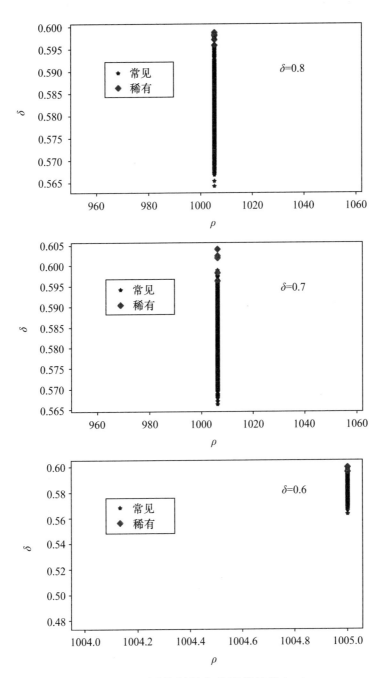

图 4-12　不同截断距离的聚类效果（一）

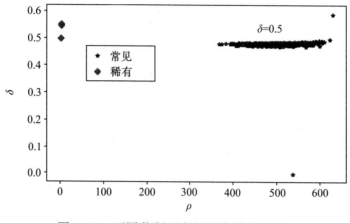

图 4-12　不同截断距离的聚类效果(二)

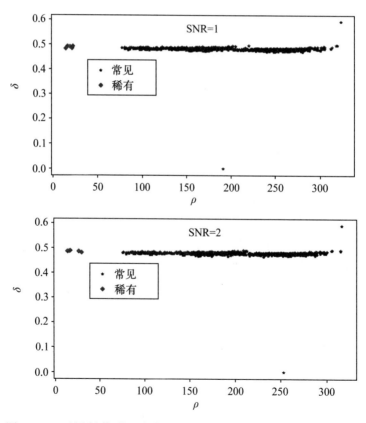

图 4-13　不同低信噪比的恒星低质量模板光谱聚类效果(一)

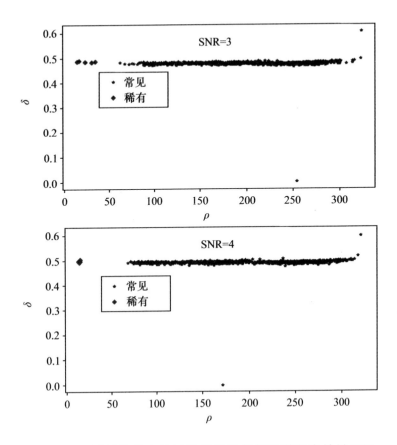

图 4-13　不同低信噪比的恒星低质量模板光谱聚类效果(二)

本实验中,有两个标准被用来度量实验结果,即召回率(Recall Rate, RR)和候选体比率(Candidate Ratio,CR)。

$$RR = \frac{TP}{TP + FN} \tag{4-11}$$

其中,TP 代表聚类得到的真正稀有恒星光谱的数量,FN 代表聚类得到的假常见恒星光谱的数量,两者之和代表所有的稀有恒星光谱的数量。

$$CR = \frac{RS}{TS} \tag{4-12}$$

其中,RS 代表聚类之后筛选出来的稀有恒星光谱候选体数量,TS 代表所有光谱的数量。

因此,RR 越大,聚类效果越好;CR 越小,聚类效果越好。

从图 4-13 中可以看出,本书方法能够较好地将稀有恒星光谱从常见恒星光谱中分离出来,即 RR 为 100%,CR 为 0.5%(5/1005)。实验结果也证明了该方法可以有效地从低信噪比的恒星低质量模板光谱中发现稀有恒星。

4.3.4 恒星低质量实测光谱中稀有恒星的搜寻

本小节利用 SDSS 的实测光谱进行稀有恒星光谱的搜寻。我们随机从 SDSS DR14 中选取常见的恒星光谱,并且随机选取 Carbon、Carbon WD 和 CV 的光谱作为稀有的恒星光谱。具体的数据组成如表 4-5 所示。

表 4-5　Data Set 1 和 Data Set 2 的数据组成

数据集名称	信噪比	常见恒星光谱的数量/条	稀有恒星光谱的数量/条
Data Set 1	1～2	2220	12
	2～3	3374	12
	3～4	2039	12
	4～5	3788	12
Data Set2	1～5	9813	10
	11～15	12060	10
	31～35	12105	10

利用前文得到的实测特征光谱库对表 4-5 的 Data Set 1 中的光谱进行处理。如图 4-14 所示,菱形表示稀有恒星的光谱,星形代表常见恒星的光谱。通过实验,在信噪比为 1～2、2～3、3～4 以及 4～5 的数据集中,截断距离分别选择为 0.25、0.2、0.08 和 0.05。可以看到,基本上所有的菱形点都聚集在决策图的左上角,左上角可以视为离群点的候选体。然而,不像模板光谱的聚类结果所示,实测光谱的聚类结果并没有将稀有恒星的

光谱从常见恒星的光谱中完全分离出来,有一些稀有恒星的光谱混合在了常见恒星的光谱当中,也有一些常见恒星光谱被误选为稀有恒星光谱的候选体。经过分析,本书认为主要有以下几个方面原因:

第一,实测光谱的噪声与人工添加的高斯白噪声不同,实测光谱的噪声比较复杂,因此处理效果可能不如人工模拟的低信噪比模板光谱好。

第二,由于低信噪比的实测恒星低质量光谱本身分类可能存在误差(如表4-4所示,赤经 R.A.=07:54:50.0 与赤纬 Decl.=+26:44:31 的恒星对应的两个不同信噪比光谱分别为 G0 型和 F2 型恒星),因此常见恒星光谱与稀有恒星光谱本身分类可能就存在误差。

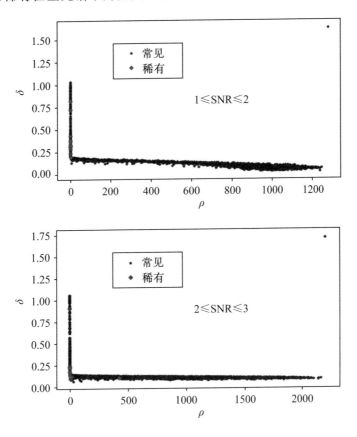

图 4-14　不同低信噪比的恒星低质量观测光谱的搜索结果(一)

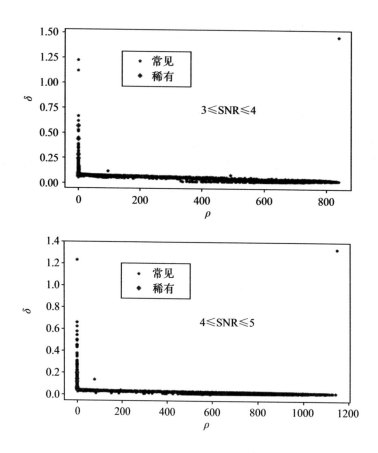

图 4-14 不同低信噪比的恒星低质量观测光谱的搜索结果(二)

尽管如此,如表 4-6 所示,本书的方法在四段低信噪比水平下的召回率 RR 和候选体比率 CR 都有很好的表现,证明本书的方法可以极大地提高低信噪比情况下稀有恒星光谱的搜索效率。

表 4-6 数据集 Data Set 1 中实测光谱的搜索结果

信噪比	恒星光谱总数/条	聚类后筛选的光谱/条	RR	CR
1~2	2232	684	100%	30.8%
2~3	3386	691	91.67%	20.5%

信噪比	恒星光谱总数/条	聚类后筛选的光谱/条	*RR*	*CR*
3～4	2051	1091	91.67%	53.5%
4～5	3800	877	100%	23.2%

4.3.5　实验结果及分析

本小节将本书的方法与其他的稀有天体搜寻方法进行对比,由于专门用于恒星低质量光谱中稀有恒星光谱搜寻的方法比较少,因此这里只选择基于 Lick 线指数的方法(Lick-index＋K-means)与支持向量机(SVM)方法进行对比,其中 Lick 线指数的相关定义见 2.2.2 节。由 2.2.2 节中 Lick 线指数的定义可知,Lick 线指数属于合成的线指数,所以对噪声等的敏感性比较低。

与其他研究的设置一样,K-means 聚类的类别个数被设置为 20;SVM 的参数设置与帕先科(Pashchenko)等的研究相同。为了全面比较本书方法对稀有恒星的搜寻效率,本书同时选取中信噪比和低信噪比的恒星光谱进行处理,本实验使用的数据如表 4-5 中的 Data Set 2 所示,实验结果如表 4-7 所示。从表 4-7 中可以看出,在信噪比为 31～35 的情况下,3 种方法的召回率都达到了 100%,但是在信噪比为 11～15 与 1～5 的低信噪比条件下,本书的方法能够获得最好的结果(最大的召回率 *RR*,最小的候选体率 *CR*)。尤其是在极低信噪比的情况下,本书方法的优势非常明显。除此之外,本书的方法是一种非监督方法,因此算法的时间复杂度较低,在数据量比较大的情况下能够进行快速处理。

表 4-7　不同方法搜索结果

信噪比	总数/条	方法	CR	RR
31～35	12115	SVM	0.96%	100%
		Lick-index＋K-means	5.03%	100%
		Proposed method	0.25%	100%
11～15	12070	SVM	2.36%	75%
		Lick-index＋K-means	8.35%	75%
		Proposed method	2.28%	100%
1～5	9823	SVM	45.55%	50%
		Lick-index＋K-means	53.65%	25%
		Proposed method	33.59%	75%

4.4　本章小结

　　本章提出了一种基于 PCA 和 CFSFDP 相结合的恒星低质量光谱的稀有恒星搜寻方法。传统的 PCA 方法主要针对某一特定的光谱数据集进行相关的处理,所以它的使用范围具有很大的局限性。为了突破传统PCA 方法在恒星光谱数据处理方面的局限性,本章从 SDSS 的恒星模板光谱数据和恒星实测光谱数据中分别选取高信噪比的各种类型恒星光谱作为高质量光谱,然后在这些恒星高质量光谱数据上应用 PCA 方法,从中分别抽取通用的模板特征光谱库和通用的实测特征光谱库,最后利用这些特征光谱对其余的各种类型的恒星低质量光谱进行处理,结果证明本章的方法能对各种恒星低质量模板光谱和实测光谱进行有效的处理。基于处理之后的光谱,我们利用 CFSFDP 聚类方法,快速而有效地从它们中搜寻出稀有的恒星光谱候选体,为恒星低质量光谱中的稀有恒星搜寻提供了有效途径,同时也大大提高了后续恒星数据处理的工作效率。

第5章　恒星低质量光谱的
大气参数测量

恒星的主要成分是氢,其内部进行着剧烈的热核反应,因此能够释放巨大的能量,所以恒星从外表来看是一个持续的发光体。由于绝大部分恒星距离地球非常遥远,因此天文学家只能通过恒星的光谱进行相关分析。恒星光谱不仅可以用来进行恒星的分类与稀有天体的搜寻,更重要的是可以用来对恒星的内外部属性进行分析,其中恒星的大气参数是恒星内外部属性分析的基础。目前,各种大规模巡天项目(如 LAMOST、APOGEE 以及 Gaia-ESO 等)的大气参数测量,为揭示银河系甚至是整个宇宙的演变及化学组成提供了重要的依据。

恒星光谱中某些光谱特征(吸收线或发射线)及其相对强度的测量能够帮助天体物理学家确定恒星的大气参数,并建立表示质量、年龄和演化阶段的模型。恒星大气指的是覆盖在恒星的核心、辐射区与对流区上面,包含光球层、色球层及日冕层,能够直接观测到的恒星内部与星际介质之间的过渡部分。由于恒星的辐射主要从光球层发射出来,因此,光球层是大气物理参数的主要决定因素。

恒星的大气参数主要包含有效温度(T_{eff})、重力($\lg g$)以及大气金属丰度(本书主要研究的是[Fe/H])。测量恒星大气参数的方法有很多,主要包含两种方式:直接测量和间接测量。

直接测量要求的条件比较高,例如需要测量恒星各波段的总流量和恒星角直径,而且能够进行直接测量的恒星一般都是距离地球很近的恒星,所以能够进行直接大气参数测量的恒星数量很少。截至目前,能够通过直接测量获得大气参数的恒星只有150多颗,其中包含人们所熟知的太阳和织女星。此外,由于测量方法的限制,除了食变双星之外,直接测量的精度很难得到提高。因此,直接测量方法在天文大数据时代已经难以满足数据处理的要求,需要采用大量间接测量的方法来预测海量恒星光谱的大气参数。

间接测量是天文大数据时代主要的大气参数测量方法,其原理是利用一些标签数据建立观测信号与待估参数之间的某种映射关系,通过这种映射关系来推测新的观测恒星的大气参数。间接测量的方法有很多,按照数据类型可以分为光谱数据测量和测光数据测量,按照处理技术可以分为线性拟合、非线性拟合、模板匹配以及机器学习等方法,其中由于机器学习方法在大数据处理方面有着天然的优势,因此机器学习方法在恒星大气参数测量中逐步得到了广泛的应用。

本书主要研究的是间接测量方法中的机器学习方法。目前,常用于大气参数测量的机器学习方法包括多元线性回归、人工神经网络(Artificial Neural Networks,ANN)以及支持向量机(SVM)等。其中人工神经网络由于可以逼近任意复杂的函数,所以经常被使用。但是以上方法一般只适用于恒星高质量光谱的大气参数测量,对于恒星低质量光谱而言,这些方法往往表现较差。因此本章针对恒星低质量光谱的大气参数测量问题,提出了基于改进的一维卷积神经网络 StarNet 的参数测量方法。

5.1　CNN 算法原理

过去几十年中,ANN 已经被广泛应用在了恒星大气参数的测量当中。由于神经网络的表现往往是由网络的深度和输入数据的维度决定的,网络深度和输入数据的维度越高,人工神经网络的处理能力就越强,但同时也意味着计算的复杂性越高。因此为了解决计算的复杂性问题,深度学习的概念应运而生。其中,应用最广泛的结构之一当属卷积神经网络 CNN,它已经被应用在了天文数据处理的各个领域当中,如一些恒星的分类。

顾名思义,卷积神经网络就是将卷积的技术应用到神经网络的训练当中,它是一种可以进行深度训练的前馈神经网络。目前,卷积神经网络在各领域中取得了突破性的进展,如图像的分类、离群点的检测以及场景的识别等。

卷积神经网络是 ANN 的一种,也包含输入、隐藏层和输出的网络结构。如图 5-1 所示,卷积神经网络通常包含输入、卷积层、池化层、全连接层和输出。用到的相关技术包括卷积核、dropout 以及池化等。由于池化层的存在使得卷积神经网络具有平移不变性,所以它也被称作平移不变神经网络(Shift-Invariant Artificial Neural Networks, SIANN)。

如图 5-1 所示,卷积层的主要作用是进行特征的抽取,多层卷积可以保证能抽取出高阶的特征,可以增加算法的鲁棒性;同样,池化层的存在使得网络对输入数据具有一定的平移不变性,因此也增强了算法的鲁棒性;全连接层的主要作用与传统的 ANN 作用相同,实现特征与预测目标之间的非线性映射。卷积神经网络通过共享卷积核可以减少算法的参数数量,增加神经网络的深度,这也是 CNN 与 ANN 之间最大的区别之一。

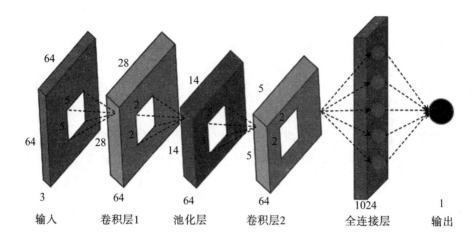

64 28
14 5
5 5
2 2
64 28
14 5
2 2
5
3   64   64   64   1024   1
输入   卷积层1   池化层   卷积层2   全连接层   输出

图 5-1　传统 CNN 原理图

5.2　改进的 StarNet 算法

本书使用的算法来自法布罗（Fabbro）在 2018 年提出的 StarNet 算法，它是一种一维的卷积神经网络算法，法布罗用它来进行高质量光谱的大气参数测量，但是在恒星低质量光谱的大气参数测量中表现不佳。如图 5-2 所示，本书在原来算法的基础上对其进行了改进，使其更加适用于恒星低质量光谱的大气参数测量。与普通卷积神经网络不同的是，该方法使用一维卷积进行参数测量，更适合光谱数据的处理。由于恒星光谱是一维数据，普通的二维卷积神经网络需要将一维光谱数据折叠成二维，再进行后续的处理。从这个角度讲，StarNet 也可以降低恒星光谱数据处理的复杂度。此外，该算法经过一次训练可以同时输出多个参数值，这也大大降低了大气参数测量的复杂度。

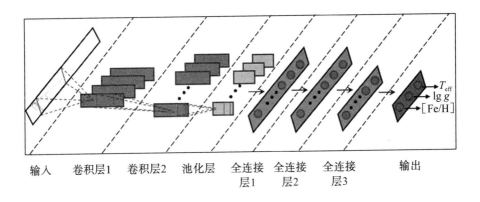

图 5-2　改进的 StarNet 原理图

从图 5-2 中可以看出,与传统 CNN 相同的是,StarNet 也包含输入、卷积层、池化层、全连接层以及输出等。

输入:输入的数据为一维的恒星光谱数据。

卷积层:算法中包含两层一维卷积层。通过卷积层,算法学习到与输出的参数联系最紧密的特征;在多个连续的卷积层中,后一层以前一层抽取出来的特征为基础再进行抽象,可以抽象出来更高阶的特征。如图 5-3 所示,通过实验发现两层卷积层在恒星低质量光谱的大气参数测量中可以得到最小的 MAE,并且本书使用的卷积核的尺寸比较大,为 1×128。因为对于恒星低质量光谱而言,某些敏感的谱线特征可能被噪声淹没,需要借助周围的信息来进行参数的确定,因此,需要增大卷积核的尺寸来提高预测的鲁棒性。卷积核的步长为 4。

池化层:算法包含一层池化层,池化层的尺寸为 1×4。

全连接层:算法包含三层全连接层。与原始的 StarNet 不同的是,如图 5-3 所示,实验发现三层全连接层在恒星低质量光谱中可以得到最优结果。本书选择第一个全连接层的节点个数为 512 个,第二个全连接层的节点个数为 256 个,第三个全连接层的节点个数为 128 个,每一层都与前一层所有节点进行全连接。

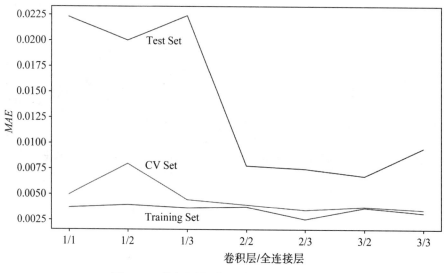

图 5-3 卷积层与全连接层的层数选择

输出层:输出包含 3 个节点,分别对应的是 T_{eff}、$lg\ g$ 与 [Fe/H] 3 个参数。与一般的参数测量的算法不同的是,StarNet 能够通过一次运算同时输出 3 个大气参数,可以极大地减少参数测量的复杂度,降低参数测量的时间。这也是算法的优势之一。

此外,激活函数设定为最常用的 Relu,参数初始化使用 He Normal,batch size 设置为 64,epochs 设置为 30,初始的学习率设置为 0.0007,衰减率设置为 0.9,损失函数选择 MAE,梯度下降选择随机梯度下降(Stochastic Gradient Descent,SGD)。

5.3 恒星低质量 KURUCZ 合成光谱的大气参数测量

5.3.1 实验方案设计

本小节使用的合成光谱来自 KURUCZ 模型,利用 SPECTRUM 程序进行计算,并且利用卷积将光谱的分辨率降到 2000,与 LAMOST 光谱的分辨率基本保持一致。光谱的波长范围为 300～1000 nm(3000～10000 Å)。为了方便神经网络的后续处理,本章选择的光谱的波长范围为 400～809.5 nm(4000～8095 Å),而且这部分光谱也基本包含了恒星参数测量需要的几乎所有信息。其中参数的范围为:

[Fe/H]的范围为:−2.5 dex,−2.0 dex,−1.5 dex,−1.0 dex,−0.5 dex,0.0 dex,0.2 dex,0.5 dex。

T_{eff}的范围为:3500 K～50000 K,其中 3500 K～13000 K 的步长为 250 K,13000 K～50000 K 的步长为 1000 K。

lg g 的范围为:0.0 dex～5.0 dex,步长为 0.5 dex。

由于 KURUCZ 并不能够为所有类型的恒星产生精确的光谱,尤其是对于温度较低的恒星,KURUCZ 合成的光谱不是很准确,因此我们选择温度大于 4000 K 的恒星光谱。此外,温度较高的恒星的光谱特征本身也存在着较大的不确定性,大气参数的精确度也不是很好。因此,本章数据选择温度范围为 4000 K～7500 K 的恒星光谱作为训练数据和测试数据。

本书从 KURUCZ 模型合成的光谱中挑选出温度范围在 4000 K～7500 K 的光谱,随机添加高斯白噪声,模拟了 3 组低信噪比的光谱数据(见表 5-1),分别模拟信噪比为 2～5、5～10 以及 10～15 的恒星低质量光谱数据。其中,KURUCZ 合成光谱中的每条光谱可能对应着生成的低质量数据中的多条光谱。

表 5-1　低质量的 KURUCZ 合成光谱

信噪比	光谱数量/条
2～5	20352
5～10	20352
10～15	20352

实验之前,需要对光谱数据进行预处理。首先,光谱的波长范围统一到 400～809.5 nm(4000～8095 Å),一共包含 4096 个流量点;其次,对每

条光谱的流量进行归一化,归一化公式为:

$$y = \frac{x}{\sqrt{\sum_{i=1}^{n} x_i^2}} \tag{5-1}$$

其中,$x = [x_1, x_2, \cdots, x_{4096}]$ 代表一条光谱的 4096 个流量点。

5.3.2 实验结果及分析

5.3.2.1 实验结果

图 5-4、图 5-5 与图 5-6 分别显示了 KURUCZ 合成光谱的大气参数(T_{eff}、$\lg g$ 和 [Fe/H])与 StarNet 预测的大气参数的对比。可以看出,StarNet 大气参数的预测结果基本上与 KURUCZ 合成光谱的参数保持一致,具体信息如表 5-2 所示。表 5-2 显示了 KURUCZ 合成光谱信噪比为 2~5、5~10 以及 10~15 三段低信噪比的恒星低质量光谱大气参数测量的误差绝对值的均值和标准差,结果均在可接受的范围之内,能够满足恒星光谱大气参数测量的精度要求。

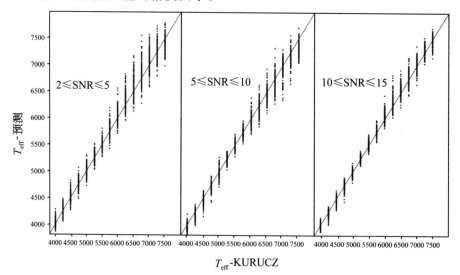

图 5-4　KURUCZ 合成光谱的 T_{eff} 与 StarNet 预测的 T_{eff} 对比图

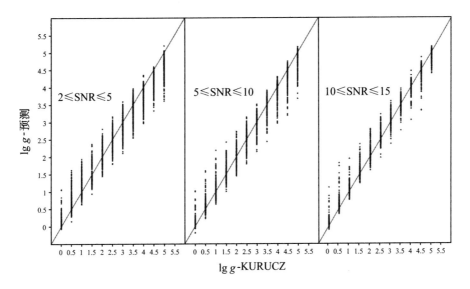

图 5-5　KURUCZ 合成光谱的 lg g 与 StarNet 预测的 lg g 对比图

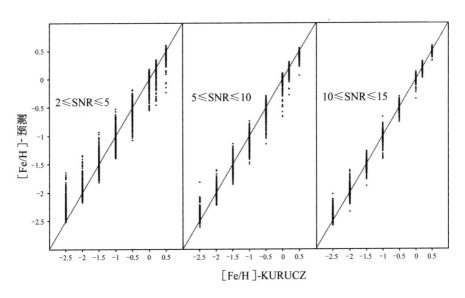

图 5-6　KURUCZ 合成光谱的[Fe/H]与 StarNet 预测的[Fe/H]对比图

表 5-2　KURUCZ 合成光谱的参数测量结果

信噪比	T_{eff}/K		$\lg g/dex$		$[Fe/H]/dex$	
	误差绝对值均值 $|\mu|$	误差绝对值标准差 σ	误差绝对值均值 $|\mu|$	误差绝对值标准差 σ	误差绝对值均值 $|\mu|$	误差绝对值标准差 σ
2～5	115.416	107.786	0.413	0.349	0.202	0.191
5～10	91.824	84.826	0.318	0.297	0.147	0.141
10～15	75.542	66.682	0.227	0.236	0.096	0.095

5.3.2.2　不同方法对比

本小节将本书方法的实验结果与其他文献中用于恒星光谱大气参数测量的方法进行了对比,其中 Lick 线指数和多元线性回归的最小二乘法相结合(Lick＋OLS)的方法属于线性估计;小波与神经网络相结合(Wavelet＋ANN)的方法属于非线性估计。

对于"Lick＋OLS"方法来说,如 2.2.2 节所述,Lick/IDS 线指数是由 Lick 天文台在分辨率为 R～8 的低分辨率光谱上定义的一组波长范围在 $400\sim640$ nm($4000\sim6400$ Å)的吸收线指数,一共包含 25 条吸收线指数,其中包括 19 条原子线、6 条分子带。由于线指数是利用相对较宽的波长区间内的平均流量计算出来的,受噪声影响较小,所以比较适合处理恒星低质量光谱数据。

线指数方法也是恒星大气参数测量中常用的一种方法,其主要原理就是利用从光谱中提取的线指数与大气参数建立相应的数学模型。经常使用的线指数包括 Lick/IDS 线指数、Rose 线指数、新 Lick 巴尔默指数以及 Lick/SDSS 线指数等,其中最常用的线指数是 Lick/IDS 线指数。Lick/IDS 线指数经常被用于研究恒星的参数测量当中。巴布埃(Barbuy)等研究了 Lick 线指数和恒星的大气参数(T_{eff}、$\lg g$ 和 $[Fe/H]$)之间的关系。巴布埃(Barbuy)等利用 Lick 线指数与 α/Fe 之间的关系对星系的α/Fe进行了粗略的估计。格雷夫斯(Graves)等利用Lick线指数与化学元素丰度之间敏感性的不同,对未知的恒星群进行了化学元素丰度的估计。

Lick/IDS线指数经常被用来进行大气参数测量主要有以下几个方面的原因:

第一,原子线指数能够将不同种类的化学元素分离开来,这个特点在α丰度的参数测量中是非常重要的。

第二,Lick/IDS线指数对红移和流量校正不确定性的敏感性较小,因此在计算线指数的时候几乎不需要进行流量校正,如去红移。

第三,Lick/IDS线指数对噪声和分辨率的敏感性较低。由于线指数是在一定的波长范围内通过计算流量的平均值得到的,因此它们对于噪声和分辨率的敏感度不是很高,这也是线指数能够用来进行低信噪比光谱参数测量的重要原因。

对于"Wavelet＋ANN"方法来说,由于 Haar 小波基是天文光谱处理中常用的小波基,因此本书选用 Haar 小波基,如图 5-7 所示(最上面的 Original Spectrum 为原始的恒星光谱,A1、A2、A3、A4、A5 分别为对应的一阶分解、二阶分解、三阶分解、四阶分解以及五阶分解的低频信号)。通过实验得知,四阶小波分解得到的低频信号既能有效去除噪声,又能有效提取光谱的特征实现降维,因此,本实验选择第四阶小波分解(A4)得到的低频信号作为处理之后的光谱。另外,ANN 利用 Python 中的 neurolab 包,构建了经典的三层网络结构,每层节点数选择为 256、20、1,梯度下降算法选择的是梯度下降与动量和自适应学习速率反向传播(train_gdx),epochs 的次数设置为 50。

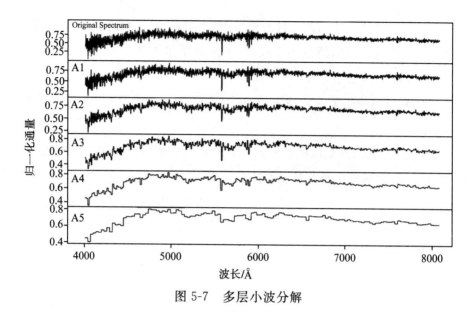

图 5-7　多层小波分解

如表 5-3 所示,表中加粗的字体为每组数据最好的预测结果,从中可以看出本书方法预测低信噪比的恒星低质量 KURUCZ 合成光谱的大气参数精度是最好的。"Lick+OLS"方法的预测精度是最差的,在三段数据集上都不能满足大气参数预测的要求。"Wavelet+ANN"方法预测精度虽然可以满足大气参数的需求,但与本书方法相比具有一定差距。因此,本书方法可以用来对低信噪比的恒星低质量合成光谱的大气参数进行较好的估计。

表 5-3　不同方法的 KURUCZ 合成光谱参数测量结果对比

信噪比	方法	T_{eff}/K		lg g/dex		[Fe/H]/dex	
		误差绝对值均值|μ|	误差绝对值标准差 σ	误差绝对值均值|μ|	误差绝对值标准差 σ	误差绝对值均值|μ|	误差绝对值标准差 σ
2~5	Lick+OLS	505.434	392.350	0.626	0.384	0.363	0.250
	Wavelet+ANN	177.785	146.057	0.448	0.381	0.263	0.201
	StarNet	**115.416**	**107.786**	**0.413**	**0.349**	**0.202**	**0.191**

续表

信噪比	方法	T_{eff}/K		lg g/dex		[Fe/H]/dex	
		误差绝对值均值|μ|	误差绝对值标准差 σ	误差绝对值均值|μ|	误差绝对值标准差 σ	误差绝对值均值|μ|	误差绝对值标准差 σ
5~10	Lick+OLS	423.252	349.482	0.604	0.380	0.321	0.221
	Wavelet+ANN	119.694	110.108	0.378	0.301	0.210	0.182
	StarNet	**91.824**	**84.826**	**0.318**	**0.297**	**0.147**	**0.141**
10~15	Lick+OLS	333.555	284.976	0.538	0.366	0.271	0.198
	Wavelet+ANN	107.021	95.420	0.302	0.264	0.147	0.125
	StarNet	**75.542**	**66.682**	**0.227**	**0.236**	**0.096**	**0.095**

5.4　恒星低质量 LAMOST 实测光谱的大气参数测量

5.4.1　实验方案设计

本小节使用的数据为 LAMOST DR5 中的实测光谱数据。如表 5-4 所示,本小节使用的数据一共包含三段恒星低质量光谱,在每段信噪比范围内分别选择 5086 条、20000 条和 20000 条光谱进行大气参数测量,其中大气参数的范围按照 5.3.1 节中的标准进行选择。在信噪比 2~5 范围内,由于数据量比较少,经过筛选后只剩下 5086 条光谱,随机选择 4500 条光谱作为训练数据,剩余的 586 条光谱作为测试数据;在信噪比 5~10 与 10~15 范围内,随机选取 18000 条作为训练数据,2000 条作为测试数据。

表 5-4 低质量的 LAMOST 实测光谱

信噪比	光谱数量/条
2～5	5086
5～10	20000
10～15	20000

实验之前，这些光谱数据依然需要进行预处理，预处理方法如 5.3.1 节所述：首先，将光谱的波长范围统一到 400～809.5 nm(4000～8095 Å)；其次，对每条光谱的流量进行归一化。

5.4.2 实验结果及分析

5.4.2.1 实验结果

图 5-8、图 5-9 与图 5-10 分别显示了 LAMOST 实测光谱的大气参数 (T_{eff}、lg g 以及[Fe/H])与 StarNet 预测的大气参数的对比结果。可以看出，除了信噪比为 2～5 的光谱中的 lg g 和[Fe/H]的预测结果显示出了稍大的散射之外，其他参数的预测结果基本上都与 LAMOST 实测光谱的参数聚集在对角线周围，拥有良好的一致性。经过分析可知，信噪比为 2～5 的光谱中的 lg g 和[Fe/H]中稍大的预测误差可能是由训练数据的分布不平衡导致的，但是随着巡天项目的继续开展，各类恒星光谱的数据量不断积累，这两种参数测量结果的精度应该会被逐步改进。

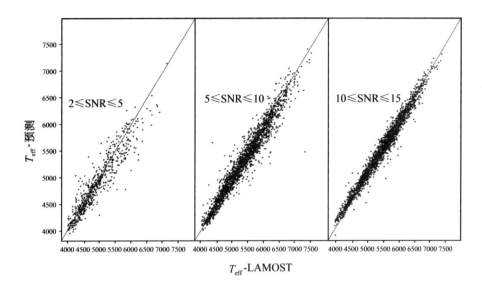

图 5-8　LAMOST 实测光谱的 T_{eff} 与 StarNet 预测的 T_{eff} 对比图

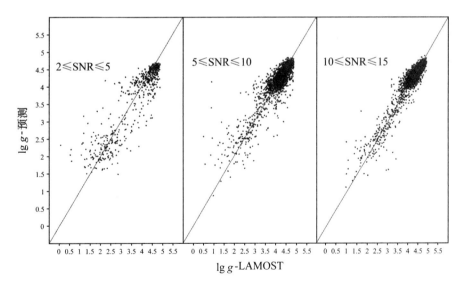

图 5-9　LAMOST 实测光谱的 lg g 与 StarNet 预测的 lg g 对比图

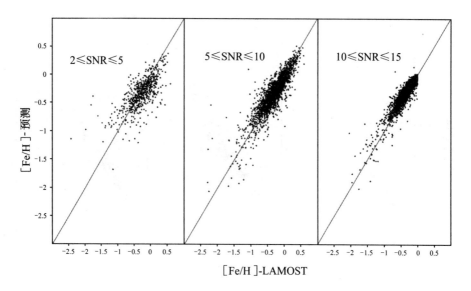

图 5-10　LAMOST 实测光谱的[Fe/H]与 StarNet 预测的[Fe/H]对比图

　　具体的预测结果如表 5-5 所示,显示了 LAMOST 实测光谱信噪比为 2~5、5~10 以及 10~15 三段数据的误差绝对值的均值和标准差,虽然信噪比为 2~5 的光谱中的 lg g 和[Fe/H]的预测误差稍大,但它们的精度范围依然在可接受的范围之内,能够满足恒星大气参数测量的要求。

表 5-5　LAMOST 实测光谱的参数测量结果

信噪比	T_{eff}/K		lg g/dex		[Fe/H]/dex	
	误差绝对值均值$\|\mu\|$	误差绝对值标准差 σ	误差绝对值均值$\|\mu\|$	误差绝对值标准差 σ	误差绝对值均值$\|\mu\|$	误差绝对值标准差 σ
2~5	160.541	154.630	0.322	0.334	0.200	0.189
5~10	119.716	118.817	0.202	0.223	0.121	0.121
10~15	86.545	71.584	0.146	0.149	0.084	0.079

5.4.2.2　不同方法对比

本小节将本书方法在 LAMOST 实测光谱上的实验结果与不同方法的测量结果进行了对比。对比方法与 5.3.2 节中的一致,即基于 Lick 线指数(Lick+OLS)和基于小波变换(Wavelet+ANN)的方法,它们的参数设置与 5.3.2 节中相同。

对比结果如表 5-6 所示。可以看出来,本书的方法在预测 LAMOST DR5 实测光谱的大气参数中精度是最高的,预测结果可以满足恒星大气参数测量的要求。"Lick+OLS"方法作为简单的非线性预测方法,其预测结果依然是最差的,这说明了恒星低质量光谱中参数测量模型的构建需要在恒星光谱与大气参数之间构建复杂的非线性关系。"Wavelet+ANN"方法的预测结果虽然整体能够满足大气参数测量的要求,但是其预测精度与本书方法的预测精度相比还是有一些差距,可能是受到训练成本的限制;普通 ANN 方法的三层网络结构不能对预测模型进行精确构建,而本书方法能够利用卷积等技术避免这一问题。因此,本书的方法对低信噪比的恒星低质量实测光谱的大气参数的估计结果依然是最精确的。

表 5-6　不同方法的 LAMOST 实测光谱参数测量结果对比

信噪比	方法	T_{eff}/K		$\lg g/\text{dex}$		$[\text{Fe/H}]/\text{dex}$	
		误差绝对值均值 $\|\mu\|$	误差绝对值标准差 σ	误差绝对值均值 $\|\mu\|$	误差绝对值标准差 σ	误差绝对值均值 $\|\mu\|$	误差绝对值标准差 σ
2~5	Lick+OLS	264.220	206.630	0.593	0.461	0.248	0.212
	Wavelet+ANN	432.251	359.058	0.349	0.394	0.218	0.197
	StarNet	160.541	154.630	0.322	0.334	0.200	0.189
5~10	Lick+OLS	231.791	196.175	0.385	0.375	0.238	0.224
	Wavelet+ANN	148.426	134.471	0.309	0.285	0.174	0.164
	StarNet	119.716	118.817	0.202	0.223	0.121	0.121

续表

信噪比	方法	T_{eff}/K		$\lg g/dex$		$[Fe/H]/dex$	
		误差绝对值均值$\|\mu\|$	误差绝对值标准差σ	误差绝对值均值$\|\mu\|$	误差绝对值标准差σ	误差绝对值均值$\|\mu\|$	误差绝对值标准差σ
10~15	Lick+OLS	177.112	160.511	0.326	0.316	0.183	0.184
	Wavelet+ANN	114.856	108.738	0.177	0.178	0.129	0.114
	StarNet	86.545	71.584	0.146	0.149	0.084	0.079

5.5　本章小结

本章提出了利用一种改进的基于卷积神经网络(CNN)的参数测量方法 StarNet 对低信噪比的恒星低质量光谱大气参数进行测量。该方法与普通 CNN 不同的是使用了更适合光谱数据处理的一维卷积方法,并且在原始 StarNet 方法的基础上将卷积核的尺寸扩展到了 1×128,使其能够更多地利用周围信息,增强方法的非线性预测能力,并且通过实验选择最适合的神经网络结构,使其更适合恒星低质量光谱数据的处理。通过与常用的基于 Lick 线指数(Lick+OLS)及基于小波变换(Wavelet+ANN)的方法进行对比,证明了本书的方法在低信噪比的恒星低质量光谱大气参数测量上的有效性。

第 6 章　总结与展望

6.1　总结

在处理与分析恒星低质量光谱数据时,传统处理方法的优势难以充分体现,处理结果经常出现大的偏差。本书针对此类问题,在基于数据挖掘和机器学习相关技术的基础上对恒星低质量光谱数据的处理与分析进行了深入的研究。更具体的是,本书主要对恒星低质量光谱数据的降噪、流量缺失及拼接异常的修复、连续谱的拟合、稀有恒星的搜寻以及大气参数测量等问题进行了研究。

6.1.1　基于深度学习的恒星低质量光谱预处理

针对恒星低信噪比光谱,本书设计了一种基于生成对抗网络的深度学习算法 Spectra-GANs。该方法同时包含两个生成器和两个辨别器,将来自同一天体的高信噪比和低信噪比光谱作为网络的输入进行训练。利用第一个生成器将低低信噪比光谱转换成高信噪比光谱,同时为了防止模型坍塌及网络的过拟合,第二个生成器将第一个生成器生成的高信噪比光谱转化成低信噪比光谱。针对流量缺失光谱和拼接异常光谱,本书引入变分自编码(VAE)的变体条件变分自编码(CVAE)进行光谱的修复,它在生成模型中引入了条件信息,使其能够生成特定条件下的数据。CVAE结合了变分自编码器的生成能力和条件生成的灵活性,因此在图像修复任务中表现出色。两种方法都与经典的天文光谱的处理方法 PCA以及其他几种常用的数据处理方法进行了对比。从对比结果可以看出本书的方法对于常见的恒星光谱低质量情况(低信噪比、流量缺失和拼接异常)的处理效果都超过了其他常用的算法,这也证明了本书算法在处理恒星低质量光谱方面的有效性。

6.1.2 基于蒙特卡罗的恒星低质量光谱连续谱拟合

为了提高恒星低质量光谱连续谱拟合的精度和稳定性,本书在国内外研究成果的基础上提出了利用蒙特卡罗模拟的方法对恒星低质量光谱的连续谱进行拟合。该方法在统计窗连续谱拟合方法的基础上,利用蒙特卡罗方法对统计窗方法筛选掉的流量点进行模拟,然后通过多项式迭代的方法对连续谱进行了拟合,最后通过选取各种类型的 SDSS 恒星光谱数据并且向其中加入不同高斯白噪声的方法对其进行了验证。结果表明本书方法在恒星低质量光谱的连续谱拟合中具有较高的精度和较好的稳定性,并且使用起来比较简单,对于大规模恒星低质量光谱的连续谱拟合有着独特的优越性。

6.1.3 基于"PCA+CFSFDP"的恒星低质量光谱中 稀有恒星的搜寻

本书提出了一种基于主成分分析和基于密度峰值的聚类(CFSFDP)相结合的恒星低质量光谱中稀有恒星的搜寻方法。不同于传统的 PCA在天文学中的处理方法,本书从 SDSS 恒星光谱中选取各种高信噪比的光谱数据作为恒星高质量光谱,利用 PCA 方法从中提取通用的特征光谱库,然后利用这些通用的特征光谱对其余的各种类型的恒星低质量光谱进行处理,并且通过对恒星分类模板光谱和恒星实测光谱中各种低信噪比的恒星光谱进行重构,证明了该方法构建的通用特征光谱库的通用性与有效性。基于处理之后的恒星光谱,我们利用 CFSFDP 的聚类方法,快速而有效地从这些处理之后的光谱中搜寻出稀有的恒星光谱候选体,大大缩小了搜寻工作的数据量,并且提高了后续数据处理的工作效率。最终,本书方法与常用的稀有天体搜寻方法 SVM 和"Lick＋K-means"进行了对比,结果证明了该方法在恒星低质量光谱中搜寻稀有恒星的优越性。

6.1.4 基于改进 StarNet 的恒星低质量光谱大气参数测量

本书改进了一种基于卷积神经网络的参数测量方法 StarNet,并利用改进后的算法对低信噪比的恒星低质量光谱进行了大气参数测量。该方法与普通卷积神经网络不同的是使用了更适合光谱数据处理的一维卷积方法,并且经过一次训练可以同时输出多个大气参数。更重要的是在原始的 StarNet 方法的基础上,本书将卷积核的尺寸扩展到了 1×128,使其能够更多地利用周围的光谱信息,增强方法的非线性预测能力;同时通过实验选择了最适合恒星低质量光谱大气参数测量的网络结构,从而使其更适合恒星低质量光谱的处理。通过与常用的基于 Lick 线指数(Lick＋OLS)及基于小波变换(Wavelet＋ANN)的方法的对比,证明了本书的方法对低信噪比的恒星低质量光谱大气参数测量的有效性和优越性。

6.2 展望

利用数据挖掘与机器学习等相关技术对恒星低质量光谱进行处理与分析是一项非常有意义的工作。本书对其中几个比较关键的问题进行了研究,提出并利用了比较先进的数据挖掘和机器学习算法对它们进行了解决与探讨。然而,恒星低质量光谱领域内仍然还有很多有意义的问题值得继续研究,因此本书的方法仍然有很多可以提高的地方。

　　未来的研究方向主要包含以下几个方面。

6.2.1　基于深度学习的恒星低质量光谱预处理算法的改进

　　尽管 Spectra-GANs 与 CVAE 在恒星低质量光谱的预处理方面有较好的表现,但是仍然有很多能够改进的方面,如预处理之后得到的光谱虽然能够基本修复光谱的连续谱趋势以及主要的谱线特征,然而一些用于参数测量的细小的谱线特征并不能够很好地被修复。我们可以结合相应的光谱谱线特征对修复的光谱进行进一步的细化,以适应后续更多的处理需求。

6.2.2　通用特征模板库的完善

　　本书利用 PCA 对各种高信噪比的恒星高质量光谱进行分析,得到了可以用于各种低信噪比的恒星低质量光谱处理的通用特征光谱库,但是这些特征光谱库的覆盖范围并不是很全面,如一些极其稀有恒星的光谱特征可能并不包含在本书构建的特征光谱库中,因此随着恒星光谱数量的不断增长,通用特征光谱库会被不断完善。

6.2.3　基于深度学习的恒星低质量光谱大气参数测量精度的提高

　　本书利用改进的一维卷积神经网络 StarNet 对恒星低质量光谱的大气参数进行了测量,虽然精度能够满足大气参数测量的要求,但是距离恒星高质量光谱的测量精度依然具有一定差距。因此,需要探索新的深度学习技术来提高恒星低质量光谱的大气参数测量能力,如利用生成对抗网络来训练参数测量模型就不失为一个很好的研究方向。

参考文献

（一）中文文献

［1］邓自立.最优滤波理论及其应用:现代时间序列分析方法［M］.哈尔滨:哈尔滨工业大学出版社,2000.

［2］Mallat S,杨力华.信号处理的小波导引［M］.北京:机械工业出版社,2002.

［3］卜育德,潘景昌,王春雨,等.基于 LASSO 算法的恒星 α 元素丰度估计方法研究［J］.光谱学与光谱分析,2017,37(1):278-282.

［4］李乡儒.光谱数据挖掘中的特征提取方法［J］.天文学进展,2012,30(1):94-105.

［5］刘杰,潘景昌,吴明磊,等.早 M 型矮恒星光谱聚类方法与分析［J］.光谱学与光谱分析,2017,37(12):3904-3907.

［6］卢瑜,李乡儒,林扬涛,等.低分辨率恒星光谱的［α/Fe］估计方法研究［J］.天文学报,2018,59(4):35-47.

［7］卢瑜,李乡儒,王永俊,等.一种新的恒星大气物理参数自动估计方案 SVR(Haar)［J］.光谱学与光谱分析,2013,33(7):2010-2014.

［8］卢瑜,李乡儒,杨坦,等.恒星大气物理参数估计中的稀疏特征提取［J］.

光谱学与光谱分析,2014,34(8):2279-2283.

[9]罗锋,刘超,赵永恒.基于样条函数的恒星光谱自动归一化方法[J].天文研究与技术,2019,16(3):300-311.

[10]毛晓艳,张博,叶中付.基于加权滤波的低信噪比 LAMOST 光纤光谱信号降噪[J].天文研究与技术,2015(4):66-73.

[11]潘景昌,罗阿理,李乡儒,等.一种基于 Ca 线线指数回归的恒星大气金属丰度估计方法[J].光谱学与光谱分析,2015,35(9):2650-2653.

[12]覃冬梅,胡占义,赵永恒.一种基于主分量分析的恒星光谱快速分类法[J].光谱学与光谱分析,2003,23(1):182-186.

[13]谭鑫,潘景昌,王杰,等.基于线指数线性回归的恒星光谱大气物理参数测量[J].光谱学与光谱分析,2013,33(5):1397-1400.

[14]王光沛,潘景昌,衣振萍,等.线指数特征空间内恒星光谱离群数据挖掘与分析[J].光谱学与光谱分析,2016,36(10):3364-3368.

[15]杨自强.你也需要蒙特卡罗方法——一个得心应手的工具[J].数理统计与管理,2007,26(1):178-188.

[16]于敬敬,潘景昌,孟凡龙,等.基于距离度量的 LAMOST 光谱中连续谱异常的自动监测[J].光谱学与光谱分析,2017,37(7):2246-2249.

[17]袁海龙,张彦霞,张昊彤,等.恒星大气参数测量[J].天文研究与技术,2018,15(3):257-265.

[18]赵瑞珍,胡占义,胡绍海.天体光谱信号去噪的小波域复合阈值新算法[J].光谱学与光谱分析,2007,27(8):1644-1647.

[19]赵颖玥,罗阿理.DA 白矮星视向速度测量[J].天文研究与技术,2019,16(1):1-7.

[20]LSST 项目官方网站[EB/OL].http://www.lsst.org/.

[21]SDSS 项目官方网站[EB/OL].http://www.sdss.org/.

(二)外文文献

[1]Abbas M,Grebel E K,Martin N F,et al. An optimized method

to identify RR Lyrae stars in the SDSS×Pan-STARRS1 overlapping area using a bayesian generative technique[J]. The Astronomical Journal, 2014, 148(1): 8.

[2]Bailer-Jonea C A L. Stellar parameters from very low resolution spectra and medium band filters[J]. Astronomy and Astrophysics, 2000, 357: 197-205.

[3]Barbuy B, Perrin M N, Katz D, et al. A grid of synthetic spectra and indices Fe5270, Fe5335, Mgb and Mg2 as a function of stellar parameters and [alpha/Fe][J]. Astronomy and Astrophysics, 2003, 404 (2): 661-668.

[4]Behzad D, Poznanski D. The weirdest SDSS galaxies: Results from an outlier detection algorithm[J]. Monthly Notices of the Royal Astronomical Society, 2017, 465(4): 4530-4555.

[5]Bergemann M, Serenelli A, Schönrich R, et al. The Gaia-ESO Survey: Hydrogen lines in red giants directly trace stellar mass[J]. Astronomy and Astrophysics, 2016, 594: A120.

[6]Boucaud A, Huertas-Company M, Heneka C, et al. Photometry of high-redshift blended galaxies using deep learning[J]. Monthly Notices of the Royal Astronomical Society, 2020, 491(2): 2481-2495.

[7]Bruno R P, Santiago A, Javier P L, et al. Properties of ionized outflows in MaNGA DR2 galaxies[J]. Monthly Notices of the Royal Astronomical Society, 2019, 486(1): 344-359.

[8] Bruzual G, Charlot S. Stellar population synthesis at the resolution of 2003 [J]. Monthly Notices of the Royal Astronomical Society, 2003, 344(4): 1000-1028.

[9]Bu Y D, Pan J C. Stellar atmospheric parameter estimation using gaussian process regression[J]. Monthly Notices of the Royal Astronomical

Society, 2015, 447(1):256-265.

[10] Bu Y D, Zhao G, Luo A L, et al. Restricted Boltzmann Machine: A non-linear substitute for PCA in spectral processing[J]. Astronomy and Astrophysics, 2015, 576: A96.

[11] Bu Y D, Zhao G, Pan J C, et al. ELM: An Algorithm to estimate the alpha abundance from low-resolution spectra [J]. The Astrophysical Journal, 2016, 817(1): 78.

[12] Cabayol-Garcia L, iksen M, Alarcón A, et al. The PAU Survey: Background light estimation with deep learning techniques[J]. Monthly Notices of the Royal Astronomical Society, 2020, 491 (4): 5392-5405.

[13] Cappellari M. Improving the full spectrum fitting method: Accurate convolution with Gauss-Hermite functions[J]. Monthly Notices of the Royal Astronomical Society, 2017, 466(1): 798-811.

[14] Carlsten S G, Hau G K T, Zenteno A. Stellar populations of shell galaxies[J]. Monthly Notices of the Royal Astronomical Society, 2017, 472(3): 2889-2905.

[15] Casey A R, Hawkins K, Hogg D W, et al. The RAVE-on catalog of stellar atmospheric parameters and chemical abundances for chemo-dynamic studies in the Gaia era[J]. The Astronomical Journal, 2017, 840(1): 59.

[16] Chang C, Jarvis M, Jain B, et al. The effective number density of galaxies for weak lensing measurements in the LSST project [J]. Monthly Notices of the Royal Astronomical Society, 2013, 434 (3): 2121-2135.

[17] Cheng T Y, Conselice C J, Aragón-Salamanca A, et al. Optimizing automatic morphological classification of galaxies with

machine learning and deep learning using Dark Energy Survey imaging [J]. Monthly Notices of the Royal Astronomical Society, 2020, 493(3): 4209-4228.

[18]Cieslar M, Bulik T, Osłowski S. Markov Chain Monte Carlo population synthesis of single radio pulsars in the Galaxy[J]. Monthly Notices of the Royal Astronomical Society, 2020, 492(3): 4043-4057.

[19]Connolly A, Szalay A. A robust classification of galaxy spectra: dealing with noisy and incomplete data[J]. The Astronomical Journal, 1999, 117: 2052.

[20]Cui X Q, Zhao Y H, Chu Y Q, et al. The large sky area multi-object fiber spectroscopic telescope [J]. Research in Astronomy and Astrophysics, 2012, 12(9): 1197-1242.

[21]Davies F B, Hennawi J F, Bañados E, et al. Predicting quasar continua near Lyman-α with principal component analysis [J]. The Astrophysical Journal, 2018, 864(2): 143.

[22]Delubac T, Bautista J E, Busca N G, et al. Baryon acoustic oscillations in the Ly α forest of BOSS DR11 quasars[J]. Astronomy and Astrophysics, 2015, 574: A59.

[23]Duev D A, Mahabal A, Ye Q Z, et al. DeepStreaks: Identifying fast-moving objects in the Zwicky Transient Facility data with deep learning[J]. Monthly Notices of the Royal Astronomical Society, 2019, 486(3): 4158-4165.

[24]Fabbro S, Venn K A, O'Briain T, et al. An application of deep learning in the analysis of stellar spectra[J]. Monthly Notices of the Royal Astronomical Society, 2018,475(3):2978-2993.

[25]Fligge M, Solanki S. Noise reduction in astronomical spectra using wavelet packets [J]. Astronomy and Astrophysics Supplement

Series，1997，124(3)：579-587.

[26]Galvin T J, Seymour N, Marvil J, et al. The spectral energy distribution of powerful starburst galaxies-I：Modelling the radio continuum[J]. Monthly Notices of the Royal Astronomical Society, 2018，474(1)：779-799.

[27]Gao W，Li X R. Application of multi-task sparse lasso feature extraction and support vector machine regression in the stellar atmospheric parameterization[J]. Chinese Astronomy and Astrophysics，2017，41(3)：331-346.

[28] Garcia-Dias R, Prieto C A, Almeida J S, et al. Machine learining in APOGEE-Unsupervised spectral classification with K-means [J]. Astronomy and Astrophysics，2018，612：A98.

[29]Goodfellow I J, Pouget-Abadie J, Mirza M, et al. Generative adversarial networks[J]. arXiv preprint arXiv：1406.2661，2014.

[30] Graves G J, Schiavon R P. Measuring ages and elemental abundances from unresolved stellar populations：Fe，Mg，C，N，and Ca [J]. The Astrophysical Journal Supplement Series，2008，177(2)：446-464.

[31]Gray R O, Corbally C J, Cat P D, et al. LAMOST observations in the kepler field：Spectral classification with the MKCLASS Code[J]. The Astronomical Journal，2015，151(1)：13.

[32]Gulrajani I, Ahmed F, Arjovsky M, et al. Improved training of Wasserstein GANs[J]. arXiv preprint arXiv：1704.00028，2016.

[33]Guo Y X, Luo A L, Zhang S, et al. Recognition of M-type stars in the unclassified spectra of LAMOST DR5 using a hash-learning method[J]. Monthly Notices of the Royal Astronomical Society，2019，485(2)：2167-2178.

[34] He K, Zhang X, Ren S, et al. Delving deep into rectifiers: Surpassing human-level performance on ImageNet classification[J]. arXiv preprint arXiv: 1502.01852, 2015.

[35] Hejazi N, Lépine S, Homeier D, et al. Chemical properties of the local galactic disk and halo. I. Fundamental properties of 1544 nearby, high proper-motion M dwarfs and subdwarfs [J]. The Astronomical Journal, 2020, 159(1): 30.

[36] Ho A Y Q, Ness M K, Hogg D W, et al. Label transfer from APOGEE to LAMOST: Precise stellar parameters for 450,000 LAMOST gaints[J]. The Astronomical Journal, 2017, 836(1): 5.

[37] Holtzman J A, Hasselquist S, Shetrone M, et al. APOGEE Data Releases 13 and 14: Data and analysis [J]. The Astronomical Journal, 2018, 156(3): 125.

[38] Holtzman J A, Poznanski D, Baron D, et al. Detecting outliers and learning complex structures with large spectroscopic surveys-a case study with APOGEE stars [J]. Monthly Notices of the Royal Astronomical Society, 2018, 476(2): 2117-2136.

[39] Holtzman J A, Shetrone M, Johnson J A, et al. Abundances, stellar parameters, and spectra from the SDSS-Ⅲ APOGEE Survey[J]. The Astronomical Journal, 2015, 150(5): 148.

[40] Johansson J, Thomas D, Maraston C. Empirial calibrations of optical absorption-line indices based on the stellar library MILES[J]. Monthly Notices of the Royal Astronomical Society, 2010, 406 (1): 165-180.

[41] Jolliffe I J. Principal Component Analysis [M]. Berlin: Springer, 1986.

[42] Jönsson H, Prieto C A, Holtzman J A, et al. APOGEE Data

Releases 13 and 14: Stellar parameter and abundance comparisons with independent analyses[J]. The Astronomical Journal, 2018, 156(3): 126.

[43]Kheirdastan S, Bazarghan M. SDSS-DR12 bulk stellar spectral classification: Artificial neural networks approach[J]. Astrophysics and Space Science, 2016, 361: 304.

[44]Kim D W, Bailer-Jones C A L. A package for the automated classification of periodic variable stars[J]. Astronomyand Astrophysics, 2016, 587: A18.

[45]Kurucz R L. ATLAS12, SYNTHE, ATLAS9, WIDTH9, et cetera[J]. Memorie Della Societa Astronomica Italiana Supplementi, 2005, 8:14.

[46]Lee Y S, Beers T C, Sivarani T, et al. The SEGUE stellar parameter pipeline. I. description and comparison of individual methods [J]. The Astronomical Journal, 2008, 136(5): 2022-2049.

[47] Leung H W, Bovy J. Deep learning of multi-element abundances from high-resolution spectroscopic data[J]. Monthly Notices of the Royal Astronomical Society, 2019, 483(3):3255-3277.

[48]Levasseur L P, Hezaveh Y D, Wechsler R H. Uncertainties in parameters estimated with neural networks: Application to strong gravitational lensing[J]. The Astrophysical Journal Letters, 2017, 850 (1): L7.

[49]Li W T, Xu H G, Ma Z X, et al. Separating the EoR signal with a convolutional denoising autoencoder: A deep-learning-based method[J]. Monthly Notices of the Royal Astronomical Society, 2019, 485(2): 2628-2637.

[50]Li X R, Lu Y, Comte G, et al. Linearly supporting feature extraction for automatel estimating stellar atmospheric parameters[J].

The Astrophysical Journal Supplement Series, 2015, 218(1): 3.

[51]Li X R, Wu Q J, Luo A L, et al. SDSS/SEGUE spectral feature analysis for stellar atmospheric parameter estimation[J]. The Astrophysical Journal, 2014, 790(2): 105.

[52]Li Y B, Luo A L, Du C D, et al. Carbon stars identified from LAMOST DR4 using machine learning[J]. The Astrophysical Journal Supplement Series, 2018, 234(2): 31.

[53]Lira S R, Bravo J P, Leão I C, et al. A wavelet analysis of photometric variability in kepler white dwarf stars[J]. arXiv preprint arXiv: 1901.05384, 2019.

[54]Liu C, Xu Y, Wan J C, et al. Mapping the milky way with LAMOST I: Method and overview[J]. Research in Astronomy and Astrophysics, 2017, 17(9): 96.

[55]Liu Z C, Cui W Y, Liu C, et al. A catalog of OB stars from LAMOST spectroscopic survey[J]. The Astrophysical Journal Supplement Series, 2019, 241(2): 32.

[56]Lu Y, Li X R, Wang Y J, et al. A Novel SVR (Haar) for automatically estimating stellar atmospheric parameters from spectrum[J]. Spectroscopy and Spectral Analysis, 2013, 33(7): 2010-2014.

[57]Lu Y, Li X R. Estimating stellar atmospheric parameters based on LASSO and support vector regression[J]. Monthly Notices Royal Astronomical Society, 2015, 452(2): 1394-1401.

[58] Luo A L, Zhang H T, Zhao Y H, et al. Data release of the LAMOST pilot survey[J]. Research in Astronomy and Astrophysics, 2012, 12(9): 1243-1246.

[59]Luo A L, Zhao Y H, Zhao G, et al. The first data release (DR1) of the LAMOST regular survey[J]. Research in Astronomy and

Astrophysics, 2015, 15(8): 1095-1124.

[60]Majewski S R, Schiavon R P, Frinchaboy P M, et al. The Apache Point Observatory Galactic Evolution Experiment (APOGEE)[J]. arXiv preprint arXiv: 1509.05420, 2015.

[61]Manteiga M. ANNs and wavelets: A strategy for Gaia RVS low SNR stellar spectra parameterization[J]. Publications of the Astronomical Society of the Pacific, 2012, 122: 608-617.

[62] Marziani M, Gambaccini M, Domenico G D, et al. Experimental and Monte Carlo simulated spectra of a liquid-metal-jet x-ray source[J]. Applied Radiation and Isotopes, 2014, 92(6): 32-36.

[63]Mirza M, Osindero S. Conditional generative adversarial nets [J]. arXiv preprint arXiv:1411.1784v1, 2014.

[64]Navarro S G, Corradi R L M, Mampaso A. Automatic spectral classification of stellar spectra with low signal-to-noise ratio using artificial neural networks[J]. Astronomy and Astrophysics, 2012, 538: A76.

[65]Pan J C, Wang X X, Wei P, et al. An automated method to fit stellar continuum based on statistic windows [J]. Spectroscopy and Spectral Analysis, 2012, 32(8): 2260-2263.

[66]Pashchenko I N, Sokolovsky K V, Gavras P. Machine learning search for variable stars[J]. Monthly Notices of the Royal Astronomical Society, 2018, 475(2):2326-2343.

[67] Peng N, Zhang Y X, Zhao Y H, et al. Selecting quasar candidates using a support vector machine classification system [J]. Monthly Notices of the Royal Astronomical Society, 2012, 425 (4): 2599-2609.

[68]Qin L, Luo A L, Hou W, et al. Metallic-line stars identified from low-resolution spectra of LAMOST DR5[J]. The Astrophysical

Journal Supplement Series, 2019, 242(2):13.

［69］Radford A, Metz L, Chintala S. Unsupervised representation learning with deep convolutional generative adversial networks［J］. arXiv preprint arXiv: 1511.06434V2, 2016.

［70］Rawlins K, Srianand R, Shaw G, et al. Multicomponent H2 in DLA at zabs＝2.05: Physical conditions through observations and numerical models［J］. Monthly Notices of the Royal Astronomical Society, 2018, 481 (2): 2083-2114.

［71］Re Fiorentin P, Bailer-Jones C A L, Lee Y S, et al. Estimation of stellar atmospheric parameters from SDSS/SEGUE spectra ［J］. Astronomy and Astrophysics, 2007, 467(3): 1373-1387.

［72］Recio-Blanco A, De Laverny P, Prieto C A, et al. Stellar parametrization from Gaia RVS spectra［J］. Astronomy and Astrophysics, 2016, 585(1): A93.

［73］Reis I, Poznanski D, Baron D, et al. Detecting outliers and learning complex structures with large spectroscopic survey-a case study with APOGEE stars［J］. Monthly Notices of the Royal Astronomical Society, 2018, 476(2): 2117-2136.

［74］Robert T. Regression shrinkage and selection via the LASSO ［J］. Journal of the Royal Statistical Society, Series B, 1996, 58: 267-288.

［75］Rodriguez A, Laio A. Clustering by fast search and find of density peaks［J］. Science, 2014, 344(6191): 1492-1496.

［76］Schawinski K, Zhang C, Zhang H, et al. Generative adversarial networks recover features in astrophysical images of galaxies beyond the deconvolution limit ［J］. Monthly Notices of the Royal Astronomical Society, 2017, 467(1): L110.

［77］SDSS Collaboration. The thirteenth data release of the Sloan

Digital Sky Survey: First spectroscopic data from the SDSS-IV survey mapping nearby galaxies at Apache Point Observatory[J]. arXiv pre-print arXiv:1608.02013, 2016.

[78]Shapovaloval A I, Popović L č, Chavushyan V H, et al. First long-term optical spectral monitoring of a binary black hole candidate E1821 + 643. I. Variability of spectral lines and continuum[J]. The Astrophysical Journal Supplement Series, 2016, 222(2): 25.

[79]Shi J M, Luo A L, Li Y B, et al. Search for carbon stars and DZ white dwarfs in SDSS spectra survey through machine learning[J]. Science China Physics, Mechanics and Astronomy, 2014, 57(1): 176-186.

[80]Silva D, Freeman G M, Bland-Hawthorn J, et al. The GALAH survey: Scientific motivation [J]. Monthly Notices of the Royal Astronomical Society, 2015, 449(3): 2604-2617.

[81]Singh H P, Gulati R K, Gupta R, et al. Stellar spectral classification using principal component analysis and artificial neural networks[J]. Monthly Notices of the Royal Astronomical Society, 1998, 295(2): 312-318.

[82]Smith M J, James E G. Generative deep fields: Arbitrarily sized, random synthetic astronomical images through deep learning[J]. Monthly Notices of the Royal Astronomical Society, 2019, 490 (4): 4985-4990.

[83]Sohn K, Honglak L, Xin C Y. Learning structured output representation using deep conditional generative models[J]. Advances in Neural Information Processing Systems, 2015, 28: 3483-3491.

[84]Stark K, Launet B, Schawinski K, et al. PSFGAN: A generative adversarial network system for separating quasar point sources and host galaxy light[J]. Monthly Notices of the Royal Astronomical Society, 2018,

477(2): 2513-2527.

[85]Thomas D, Maraston C, Bender R, et al. The epochs of early-type galaxy formation as a function of environment [J]. The Astrophysical Journal, 2005, 621(2): 673-694.

[86] Thomas D, Maraston C, Johansson J, et al. Flux-calibrated stellar population models of Lick absorption-line indices with variable element abundance ratios[J]. Monthly Notices of the Royal Astronomical Society, 2011, 412(4): 2183-2198.

[87]Wang G P, Pan J C, Yi Z P, et al. Outlier data mining and analysis of LAMOST stellar spectra in line index feature space[J]. Spectroscopy and Spectral Analysis, 2016, 36(10): 3364-3368.

[88]Wang K, Guo P, Luo A L, et al. A new automated spectral feature extraction method and Its application in spectral classification and defective spectra recovery[J]. Monthly Notices of the Royal Astronomical Society, 2017, 465(4), 4311-4324.

[89]Wei P, Luo A L, Li Y B, et al. Mining unusual and rare stellar spectra from large spectroscopic survey data sets using the outlier-detection method [J]. Monthly Notices of the Royal Astronomical Society, 2013, 431(2): 1800-1811.

[90]Wei P, Luo A L, Li Y B, et al. On the construction of a new stellar classification template library for the LAMOST spectral analysis pipeline[J]. The Astronomical Journal, 2014, 147(5): 101.

[91]Whitney C A. Principal components analysis of spectral data. II-Error analysis and application to interstellar reddening, luminosity classification of M supergiants, and the analysis of VV cephei stars[J]. Astronomy and Astrophysics Supplement Series, 1983, 51: 463-478.

[92]Whitney C A. Principal components analysis of spectral data. I-

Methodology for spectral classification[J]. Astronomy and Astrophysics Supplement Series, 1983, 51: 443-461.

[93] Worthey G, Faber S M, Gonzalez J J, et al. Old stellar populations. 5: Absorption feature indices for the complete LICK/IDS sample of stars [J]. Astrophysical Journal Supplement Series, 1994, 94 (2): 687-722.

[94] Wu M L, Pan J C, Yi Z P, et al. A method to fit low-quality stellar spectrum[J]. Spectroscopy and Spectral Analysis, 2018, 38(3): 953-957.

[95] Wu M L, Pan J C, Yi Z P, et al. A method to search special stellar spectra from low signal-to-noise ratio spectral sky survey data[J]. Spectroscopy and Spectral Analysis, 2019, 38(3): 618-621.

[96] Xiang M S, Liu X W, Shi J R, et al. Estimating stellar atmospheric parameters, absolute magnitudes and elemental abundances from the LAMOST spectra with kernel-based principal component analysis[J]. Monthly Notices of the Royal Astronomical Society, 2017, 464(3): 3657-3678.

[97] Yang T, Li X R. An autoencoder of stellar spectra and its application in automatically estimating atmospheric parameters [J]. Monthly Notices of the Royal Astronomical Society, 2015, 452(1): 158-168.

[98] Yip C W, Connolly A J, Szalay A S, et al. Distributions of galaxy spectral types in the Sloan Digital Sky Survey [J]. The Astronomical Journal, 2004, 128: 585.

[99] Yip C W, Connolly A J, Vanden Berk D E, et al. Spectral classification of quasars in the Sloan Digital Sky Survey: Eigenspectra, redshift, and luminosity effects[J]. The Astronomical Journal, 2004, 128: 2603.

［100］York D, Adelman J, Anderson J, et al. The Sloan Digital Sky Survey:Technical summary［J］. Astrophysical Journal, 2000, 120(3): 1579-1587.

［101］Zasowski G, Schultheis M, Hasselquist S, et al. APOGEE DR14/DR15 abundances in the inner milky way［J］. The Astrophysical Journal, 2019, 870(2):138.

［102］Zhang K, Zuo W M, Chen Y J, et al. Beyond a gaussian denoiser: Residual learning of deep CNN for image denoising［J］. IEEE Transactions on Image Processing, 2016, 26(7):3142-3155.

［103］Zhao G, Zhao Y H, Chu Y Q, et al. LAMOST spectral survey-an overview［J］. Research in Astronomy and Astrophysics, 2012, 12(7):723-734.

［104］Zhu J Y, Park T, Isola P, et al. Unpaired image-to-image translation using cycle-consistent adversarial networks［J］. arXiv preprint arXiv:1703.10593, 2017.